U0334088

"中国森林生态系统连续观测与清查及绿色核算"系列丛书

王 兵 主编

吉林省白石山林业局
森林生态系统服务功能研究

董秀凯 管清成 徐丽娜
牛 香 刘祖英 黄龙生 等 著

中国林业出版社

图书在版编目(CIP)数据

吉林省白石山林业局森林生态系统服务功能研究 / 董秀凯等著.
-- 北京:中国林业出版社, 2017.6
(中国森林生态系统连续观测与清查及绿色核算系列丛书)
ISBN 978-7-5038-9081-9

Ⅰ. ①吉… Ⅱ. ①董… Ⅲ. ①森林生态系统 - 服务功能 - 研究 - 吉林省
Ⅳ. ①S718.55

中国版本图书馆CIP数据核字(2017)第148344号

中国林业出版社·科技出版分社

策划、责任编辑： 于界芬　于晓文

出版发行　中国林业出版社
　　　　　　（100009 北京西城区德内大街刘海胡同 7 号）
网　　址　www.lycb.forestry.gov.cn
电　　话　(010) 83143542
印　　刷　北京卡乐富印刷有限公司
版　　次　2017 年 6 月第 1 版
印　　次　2017 年 6 月第 1 次
开　　本　889mm×1194mm　1/16
印　　张　10.25
字　　数　224 千字
定　　价　98.00 元

未经许可,不得以任何方式复制或抄袭本书之部分或全部内容。

版权所有　侵权必究

《吉林省白石山林业局森林生态系统服务功能研究》
著者名单

项目完成单位：

中国林业科学研究院

中国森林生态系统定位观测研究网络中心（CFERN）

吉林省林业勘察设计研究院

吉林省白石山林业局

项目首席科学家：

王　兵　中国林业科学研究院

项目组成员：

董秀凯	牛　香	管清成	徐丽娜	李兴东	宫向东	高方莲
宋彦彦	赵忠林	胡晓峰	汪兆洋	李英爱	张　言	隋振环
隋海新	耿绍波	史宝库	杨艳波	刘祖英	黄龙生	宋庆丰
陶玉柱	魏文俊	王　慧	高志强	丛日征	刘胜涛	张维康
师贺雄	房瑶瑶	陈祥伟	周　梅	施晓文	马晓龙	王得印
李培建	何振仲	李守峰	牛世丹	栾忠平	刘海峰	李先强
孟庆刚	任　军	刘　思	窦广民	王大岭	刘新东	尤文忠
高　鹏	杨会侠	李明文	张慧东	赵鹏武	代力民	王立中
王元兴	张永富	赵　丹	王大勇	孙宏刚	闫　宏	赵世奇
王树伟	左　江	王　禹	施　楠	梁　启	杨雪峰	李建顺
孙兴海	吴新建	胡志民	韩国荣	邱元武	逢　伟	王　波
常观杰	冯天轶	伏广玉	曲鹏宇	高坤峰	孙忠全	王君海

◀ 特 别 提 示 ▶

1. 本研究依据森林生态系统连续观测与清查体系（简称：森林生态连清），对吉林省白石山林业局森林生态系统服务进行评估，范围包括双山林场、大石河林场、胜利河林场、黄松甸林场、白石山林场、大趟子林场、琵河林场、漂河林场；

2. 依据中华人民共和国林业行业标准《森林生态系统服务功能评估规范》(LY/T1721—2008) 针对市级区域和优势树种（组）分别开展吉林省白石山林业局森林生态系统服务评估；

3. 评估指标包含：涵养水源、保育土壤、固碳释氧、林木积累营养物质、净化大气环境、生物多样性保护 6 类 21 项指标，并首次将吉林省白石山林业局森林植被滞纳 TSP、PM_{10}、$PM_{2.5}$ 指标进行单独评估；

4. 本研究所采用的数据：①吉林省白石山林业局森林生态连清数据主要来源于吉林省及周边省份的 10 个森林生态站和辅助观测点的长期监测数据；②吉林省白石山林业局森林资源连清数据的来源于吉林省松江源森林生态系统定位研究站的森林生态连清数据集及 2014 年吉林省白石山林业局森林资源一类、2015 年二类调查数据集；③价格参数，来源于社会公共数据集，根据贴现率将非评估年份价格参数转换为 2015 年现价；

5. 本研究中提及的滞尘量是指森林生态系统潜在饱和滞尘量，是基于模拟实验的结果，核算的是林木的最大滞尘量；

凡是不符合上述条件的其他研究结果均不宜与本研究结果简单类比。

前　言

　　森林生态系统是陆地生态系统中面积最大、组成结构最复杂,生物种类最丰富、适应性最强、稳定性最高、功能最完善的一种自然生态系统,对改善和维护生态环境起着决定性的作用,同时作为陆地上最大的基因库、碳储库、蓄水库和能源库,为人类提供了生存所必需的重要资源。

　　森林生态系统服务功能是指森林生态系统与生态过程所维持人类赖以生存的自然环境条件与效用。其主要的输出形式表现在两方面,即为人类生产和生活所必需的有形的生态产品和保证人类经济社会系统可持续发展、支持人类赖以生存的无形生态环境与社会效益功能。然而长期以来,人类对森林的主体作用认识不足,使森林资源遭到了日趋严重的破坏,如空气质量下降、雾霾频发、干旱和洪涝加剧、水土流失严重、生物多样性破坏和荒漠化面积增加等生态环境问题日益突显,最终使得人类生存环境面临越来越严峻的挑战。因此,如何加强林业生态建设,有效、最大限度地发挥森林生态系统服务功能已成为人们最关注的热点问题之一,而进一步去客观评价森林生态系统服务功能价值动态变化,对于科学经营与管理森林资源具有重要的现实意义。

　　近年来,我国在借鉴国内外最新研究成果基础上,通过中国森林生态系统定位观测研究站,依靠森林生态连清技术进行了一系列不同尺度森林生态系统服务功能的评估,并完成相关评估报告,这充分体现了森林资源清查与森林生态连清有机耦合的重要性,标志着我国森林生态服务功能评估迈出了新的步伐,为描述我国森林生态服务的动态变化,完善森林生态环境动态评估及健全生态补偿机制提供了科学依据。

　　借助 CFERN 平台,中国森林生态服务功能评估项目组,2006 年,启动“中国森林生态质量状态评估与报告技术”(编号:2006BAD03A0702)“十一五”科技支撑计划;2007 年,启动“中国森林生态系统服务功能定位观测与评估技术”(编号:200704005)国家林业公益性行业科研专项计划,组织开展森林生态服务功能研究与评估测算工作;2008 年,参考国际上有关森林生态服务功能指标体系,结合我国国情、林情,制定了《森林生态系统服务功能评估规范(LY/T1721—2008)》,并对

"九五""十五"期间全国森林生态系统涵养水源、固碳释氧等主要生态服务功能的物质量进行了较为系统、全面的测算，为进一步科学评估森林生态系统的价值量奠定了数据基础。

2009年11月17日，在国务院新闻办举行的第七次全国森林资源清查新闻发布会上，国家林业局贾治邦局长首次公开了我国森林生态系统服务功能的评估结果：全国每年涵养水源量近5000亿立方米，相当于12个三峡水库的库容量；每年固土量70亿吨，相当于全国每平方米平均减少了730吨的土壤流失；6项森林生态系统服务功能价值量合计每年达到10.01万亿元，相当于全国GDP总量的1/3。评估结果更加全面地反映了森林的多种功能和效益。

2015年，由国家林业局和国家统计局联合完成的"生态文明制度构建中的中国森林资源核算研究"项目的研究成果显示，与第七次全国森林资源清查期末相比，第八次全国森林资源清查期间年涵养水源量、年保育土壤量分别增加了17.37%、16.43%；全国森林生态系统服务年价值量达到12.68万亿元，增长了27.00%，相当于2013年全国GDP总值(56.88万亿元)的23.00%。该项研究核算方法科学合理，核算过程严密有序，内容也更为全面。

吉林省白石山林业局地处张广才岭南端，威虎岭西侧，行政分别隶属于蛟河市和敦化市。全局经营范围内森林资源丰富，天然林资源分布集中，具有完整的温带森林生态系统，生物多样性丰富，是重点国有林区，也是我国重要的商品林基地。区内野生动植物种类繁多，生态环境呈特殊多样性和相对整体性，可恢复和保护程度较好，对全国的生态环境有着举足轻重的影响，生态区位十分重要。随着天然林保护工程的实施，白石山林业局全面停止商业性采伐，加强了森林资源保护和管理，森林面积和蓄积量持续增长，以保障农产品供给安全为主导的重要生态区域已初步形成，林地保护利用取得了明显的成效，生态环境得到了明显改善。同时，先后实施了采育林建设工程、中幼龄林抚育项目、红松果材兼用林基地建设和珍贵大径材基地建设，林地生产力状况也得到了稳步提高。2013年，《吉林省露水河林业局森林生态连清与价值评估报告》的完成，是森林生态连清技术在林业工作管理中的首次应用，是推进生态文明建设的历史进程中大胆创新与实践的尝试与探索，也是国内第一次紧密结合林业局尺度森林资源二类调查结果，并与林业局二类调查成果同时发布的生态连清与价值评估，由于露水河林业局管辖森林与白石山林业局管理范围内的森林生境相似，所以本研究中将借助露水河林业局森林生态连清与价值评估结果与白石山林业局评估结果进行对比分析。与此同时，在林业公益性行业科研专项"东北森林生态要素全指标体系观测技术研究"的支撑下，综合以上基础，结合吉林省白石山林业局 2015 年二类调查数据，吉林省林业勘察设计研究院开展了本次吉林省白石山林业局森林生态系统服务功能研究工作，将森林生态连清理论应用于国有森工局尺度的调查和评估方法的深入探讨，进而实现构建全国第一个县局级林业局范围森林生态连清工作的典型案例。

为了客观、动态、科学地评估吉林省白石山林业局森林生态服务功能的物质量和价值量，提高林业在吉林省国民经济和社会发展中的地位，吉林省林业厅于 2015 年启动了"吉林省白石山林业局森林生态系统服务功能及其效益评估"项目，吉林省林业勘察设计研究院作为承担单位，以国家林业局吉林省境内及周边省份的森林生态系统定位观测研究网站为技术依托，在中国林业科学研究院的指导下，项目组结合吉林省白石山林业局现有森林资源，在技术标准上，严格遵照中华人民共和国林业行业标准《森林生态系统服务功能评估规范》(LY/T 1721—2008)，采用森林生态连清体系和分布式测算方法，以森林资源二类调查数据集、生态连清数据集以及社会公共数据集为依据，对白石山林业局森林生态系统在涵养水源、保育土壤、固碳释氧、林木积累营养物质、净化大气环境、生物多样性保护 6 个方面进行了物质量和价值量的评估。

评估结果以直观的货币形式展示了白石山林业局森林生态系统为人们提供的服务价值，充分反映了吉林省白石山林业局生态建设成果，对确定森林在生态环境建设中的主体地位和作用具有非常重要的现实意义，有助于吉林省开展生态服务资源负债表的编制工作，推动生态效益科学量化补偿和生态 GDP 核算体系的构建，进而推进吉林省林业由木材生产为主转向森林生态、经济、社会三大效益统一的科学发展道路，为实现习近平总书记提出的林业工作"三增长"目标提供技术支撑，并对构建生态文明制度、全面建成小康社会、实现中华民族伟大复兴的中国梦不断创造更好的生态条件，帮助人们算清楚"绿水青山价值多少金山银山"这笔账。

编 者

2016 年 11 月

目 录

第一章

白石山林业局森林生态系统
连续观测与清查体系

白石山林业局森林生态系统服务评估基于吉林省森林生态系统连续观测与清查体系（图1-1）。白石山森林生态连清体系是白石山林业局森林生态系统连续观测与清查的简称，指以生态地理区划为单位，依托国家现有森林生态系统国家定位观测研究站（简称森林生态站）和吉林省内的其他林业监测点，如退耕还林生态效益监测点、低产林改造生态效益监测点和长期固定实验点，采用野外观测技术和分布式测算方法，定期对白石山林业局森林生态系统服务进行全指标体系观测与清查。它与白石山林业局森林资源二类调查资源数据相耦合，评估一定时期和范围内的森林生态系统服务，进一步了解其森林生态系统服务功能的动态变化。

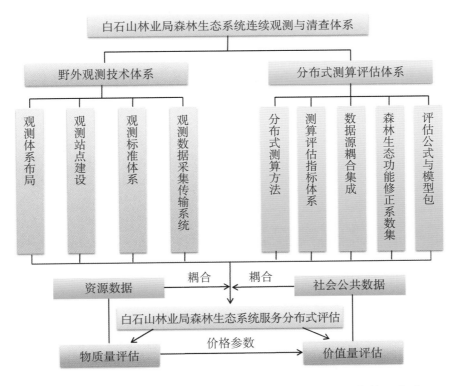

图 1-1　白石山林业局森林生态系统连续观测与清查体系框架

第一节 野外观测技术体系

一、白石山林业局森林生态系统服务监测布局与建设

野外观测技术体系建设是构建白石山林业局森林生态连清体系的重要基础，为了做好这一基础工作，需要考虑如何构架观测体系布局。国家森林生态站与吉林省内各类林业监测点作为吉林省森林生态系统服务监测的两大平台，在建设时坚持"统一规划、统一布局、统一建设、统一规范、统一标准，资源整合，数据共享"原则。

森林生态站网络布局总体上是以典型抽样为基础，根据研究区的水热分布和森林立地情况等，选择具有典型性及代表性的区域，层次性明显。白石山林业局所在的吉林省目前已建和在建的森林生态站和辅助站点在布局上已经能够充分体现区位优势和地域特色，森林生态站布局在全省和地方等层面的典型性和重要性已经得到兼顾，目前已形成层次清晰、代表性强的森林生态站及辅助观测点网（图 1-2），可以负责相关站点所属区域的各级测算单元，即可再分优势树种林分类型、林龄组模块和林分起源等。借助这些森林生态站，可以满足白石山林业局森林生态连清和科学研究需求。

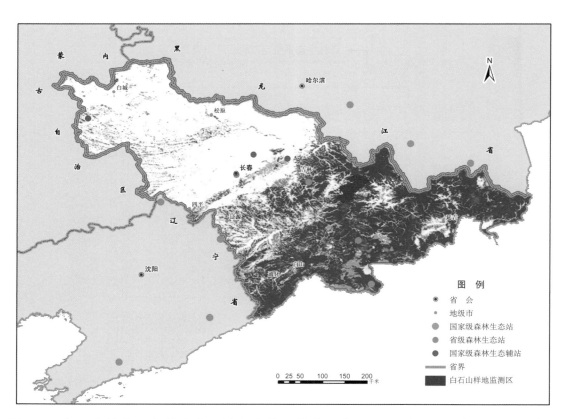

图 1-2 白石山林业局森林生态系统服务监测站点分布（引自"地理国情监测云平台"）

本次白石山林业局森林生态连清及价值评估中，所采用的生态参数主要来自于吉林省松江源森林生态系统定位观测研究站（以下简称吉林松江源生态站），以及分布在吉林省内的长白山森林生态站、长白山西坡森林生态站和长春市城市森林生态站，还有一部分分布在邻近省份，但是都与吉林省处在同一生态区（如辽宁冰砬山森林生态站、白石砬子森林生态站、辽河平原森林生态站和辽东半岛森林生态站、黑龙江帽儿山森林生态站、牡丹江森林生态站和雪乡森林生态站等）。这些生态站及监测站点基本涵盖吉林全省东部长白山林区、中部农林复合区、西部荒漠及湿地等主要生态类型区，不仅为此次评估提供了可靠详实的生态连清参数，同时为东北森林生态连清乃至全国森林生态连清提供重要的基础科研数据保障。

二、白石山林业局森林生态连清监测评估标准体系

白石山林业局森林生态连清监测评估所依据的标准体系包括从森林生态系统服务监测站点建设到观测指标、观测方法、数据管理乃至数据应用各个阶段的标准（图 1-3）。白石山林业局森林生态系统服务监测站点建设、观测指标、观测方法、数据管理及数据应用的标准化保证了不同站点提供白石山林业局森林生态连清数据的准确性和可比性，为白石山森林生态系统服务评估的顺利进行提供了保障。

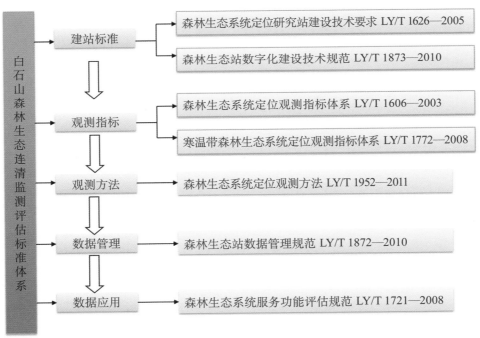

图 1-3　白石山林业局森林生态系统服务监测评估标准体系

第二节　分布式测算评估体系

一、分布式测算方法

分布式测算源于计算机科学，是研究如何把一项整体复杂的问题分割成相对独立运算的单元，并将这些单元分配给多个计算机进行处理，最后将计算结果综合起来，统一合并得出结论的一种科学计算方法。

森林生态服务评估是一项非常庞大、复杂的系统工程，很适合划分成多个均质化的生态测算单元开展评估（Niu 等，2013）。因此，分布式测算方法是目前评估白石山林业局森林生态服务所采用的较为科学有效的方法。并且，通过第一次（2009）年和第二次（2014年）全国森林生态系统服务评估以及 2014 年和 2015 年《退耕还林工程生态效监测国家报告》和许多省级尺度的评估中已经证实，分布式测算方法能够保证结果的准确性及可靠性。

根据分布式测算原理和林相图合理布设调查样地，调查样地布设完成后开展野外调查采样工作，野外调查采样工作将按照《森林生态系统长期定位观测方法》进行。将全林业局分成南北两组（图 1-4），共 79 块样地，样地设置参照一类清查样地，起测胸径 1.0 厘米，增加土壤剖面取样及灌木、草本生物量调查，样地基本信息情况见表 1-1。

白石山林业局森林生态服务评估分布式测算方法的具体思路为：①将吉林省白石山林业局按照林场划分为 8 个一级测算单元；②再将每个一级测算单元按照优势树种（组）类型划分成 12 个二级测算单元；③每个二级测算单元按照起源类型划分成 2 个三级测算单元；④最后将每个三级测算单元按照林龄类型划分成 5 个四级测算单元，最终确定了 960 个相对均质化的生态系统服务评估单元（图 1-5）。

二、监测评估指标体系

森林生态系统是地球生态系统的主体，其生态系统服务体现于生态系统和生态过程所形成的有利于人类生存与发展的生态环境条件与效用。如何真实地反映森林生态系统服务的效果，监测评估指标体系的建立非常重要。

依据中国人民共和国林业行业标准《森林生态系统服务功能评估规范》（LY/T 1721-2008），结合吉林省白石山林业局森林生态系统实际情况，在满足代表性、全面性、简明性、可操作性以及适应性等原则的基础上，通过总结借鉴近年的工作及研究经验，本次评估选取了 6 项功能 20 项指标（图 1-6）。

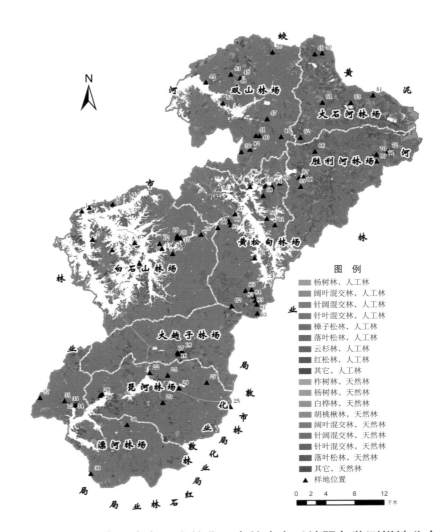

图1-4 吉林省白石山林业局森林生态系统服务监测样地分布

表1-1 白石山林业局森林生态系统服务监测样地信息表样地号

样地号	海拔（米）	坡向	坡位	优势树种	龄组	经度（°）	纬度（°）
1	341	北	坡中	人工红松林	幼龄林	127.4368	43.6353
2	407	南	坡中	人工落叶松林	中龄林	127.4493	43.6398
3	413	西北	坡中	人工落叶松林	幼龄林	127.4894	43.5858
4	341	平	平地	人工云杉林	幼龄林	127.4558	43.5989
5	399	东	坡下	人工红松林	中龄林	127.4893	43.6448
6	465	西	坡上	人工落叶松林	中龄林	127.5280	43.5954
7	405	东	坡下	人工杨树林	中龄林	127.5370	43.5693
8	410	西南	坡上	柞树林	幼龄林	127.5747	43.5883
9	560	南	坡中	柞树林	中龄林	127.5706	43.5950

（续）

样地号	海拔（米）	坡向	坡位	优势树种	龄组	经度（°）	纬度（°）
10	440	南	坡中	柞树林	近熟林	127.6059	43.6021
11	443	北	坡上	杨树林	中龄林	127.5930	43.5822
12	395	平	平地	其他灌木	—	127.6410	43.6073
13	456	平	平地	阔叶混交林	中龄林	127.6037	43.4561
14	463	平	平地	白桦林	幼龄林	127.6046	43.4541
15	459	平	平地	水曲柳林	近熟林	127.6111	43.4582
16	555	西	坡上	柞树林	成熟林	127.6001	43.6052
17	492	西	坡上	柞树林	过熟林	127.5999	43.6020
18	412	东	坡下	人工针叶混交林	幼龄林	127.5567	43.4296
19	478	北	坡下	阔叶混交林	中龄林	127.5797	43.3912
20	465	南	坡下	阔叶混交林	近熟林	127.5874	43.4264
21	1048	北	平地	针叶混交林	成熟林	127.6947	43.3867
22	381	平	平地	胡桃楸林	幼龄林	127.4765	43.4011
23	645	西北	坡下	胡桃楸林	中龄林	127.6541	43.4178
24	365	平	平地	人工樟子松林	幼龄林	127.4732	43.3991
25	448	平	坡下	人工樟子松林	中龄林	127.6070	43.4099
26	745	东	坡上	胡桃楸林	近熟林	127.4596	43.2974
27	376	北	坡下	杨树林	中龄林	127.4127	43.3917
28	370	平	平地	其他灌木	—	127.4323	43.3935
29	394	南	坡下	阔叶混交林	中龄林	127.4330	43.3871
30	320	西	坡下	人工杨树林	近熟林	127.4291	43.3861
31	360	平	平地	阔叶混交林	幼龄林	127.4203	43.3869
32	320	西南	坡上	针阔混交林	成熟林	127.5197	43.3612
33	300	东南	坡上	阔叶混交林	过熟林	127.3707	43.3952
34	655	南	坡下	阔叶混交林	幼龄林	127.7585	43.8424
35	470	东	坡上	胡桃楸林	中龄林	127.7076	43.7146
36	381	平	平地	落叶松林	中龄林	127.7384	43.7353
37	392	平	平地	针阔混交林	中龄林	127.7321	43.7354
38	365	东	坡下	柞树林	中龄林	127.6747	43.7764
39	370	平	平地	阔叶混交林	幼龄林	127.6878	43.8133
40	361	西	坡中	阔叶混交林	近熟林	127.6453	43.8026

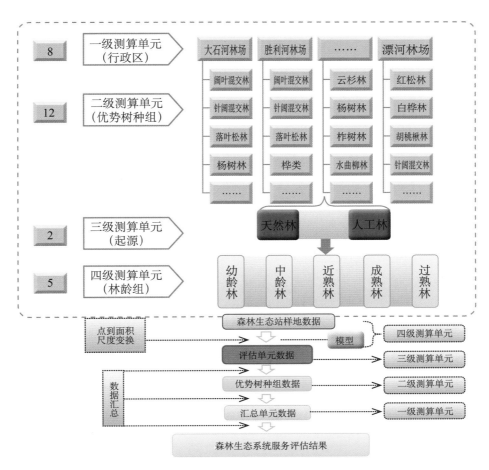

图1-5 白石山林业局森林生态系统服务评估分布式测算方法

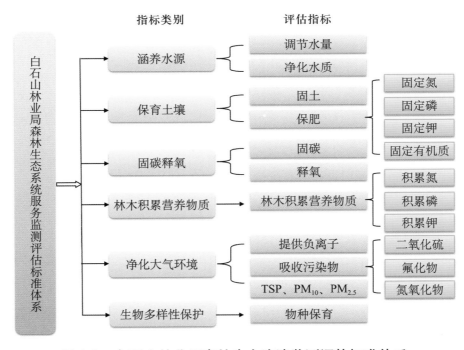

图1-6 白石山林业局森林生态连清监测评估标准体系

三、数据来源与集成

吉林省白石山林业局森林生态连清评估分为物质量和价值量两大部分。物质量评估所需数据来源于吉林省松江源森林生态系统定位研究站的森林生态连清数据集及 2014 年吉林省白石山林业局森林资源一类、2015 年二类调查数据集；价值量评估所需数据除以上两个来源外还包括社会公共数据集（图 1-7）。价值量评估所需数据除以上 2 个来源外，还包括社会公共数据集，其主要来源于我国权威机构所公布的社会公共数据。

森林资源
连清数据集   吉林省白石山林业局
                  森林资源二类调查数据

森林生态站和若干辅助观   森林生态   社会公共
测点等大量固定样地积累   连清数据集   数据集
的长期定位连续观测研究   权威机构公布的社
数据   会公共资源数据

森林资源连清数据集	• 林分面积　林分蓄积年增长量　林分采伐消耗量
森林生态连清数据集	• 年降水量　林分蒸散量　非林区降水量　无林地蒸发散　森林土壤侵蚀模数　无林地土壤侵蚀模数　土壤容重　土壤含氮量　土壤有机质含量　土层厚度　土壤含钾量　泥沙容重　生物多样性指数　蓄积/生物量　吸收二氧化硫能力　吸收氟化物能力　吸收氮氧化物能力　滞尘能力　木材密度
社会公共数据集	• 水库库容造价　水质净化费用　磷酸二铵含氮量　磷酸二铵含磷量　氯化钾含钾量　磷酸二铵价格　氯化钾价格　有机质价格　二氧化碳含碳比例　碳价格　氧气价格　二氧化硫治理费用　燃煤污染收费标准　大气污染收费标准　排污收费标准

图 1-7　数据来源与集成

主要的数据来源包括以下三部分：

1. 吉林省白石山林业局森林生态连清数据集

吉林省白石山林业局森林生态连清数据主要来源于吉林省及周边省份的森林生态站和辅助观测点的监测结果。其中，森林生态站以国家林业局森林生态站为主体，还包括省级森林生态站和长期固定试验基地等以及植物监测固定样地，并依据中华人民共和国林业行业标准《森林生态系统服务功能评估规范》（LY/T 1721-2008）和中华人民共和国林业行业标准《森林生态系统长期定位观测方法》（LY/T 1952-2011）等开展观测得到吉林省白石山林业局森林生态连清数据。

2．吉林省白石山林业局 2015 年森林资源二类调查数据集

吉林省白石山林业局森林资源二类调查是在《吉林省森林资源规划设计调查实施细则》下开展的，并采取由吉林省林业厅统一安排二类调查工作计划，林业局主管部门为本地二类调查工作的具体实施者，由具有甲 A 调查规划设计资质的单位组织专业技术人员进行调查，省森林资源监测中心负责全省二类调查的技术指导和质量监督管理工作，形成的二类调查报告经省林业厅组织的专家委员会进行审定，并按照专家的审定意见修改完善后报省林业厅批复后生效。

3．社会公共数据集

社会公共数据来源于我国权威机构所公布的社会公共数据，包括《中国水利年鉴》《中华人民共和国水利部水利建筑工程预算定额》、农业部信息网（http://www.agri.gov.cn/）、卫生部网站（http://www.nhfpc.gov.cn）、中华人民共和国国家发展和改革委员会第四部委 2003 年第 31 号令《排污费征收标准及计算方法》、吉林省物价局官网（http://www.wjj.jl.gov.cn）、《吉林省森林生态连清与生态系统服务研究》《吉林省发展报告》等吉林省相关部门统计公告。

四、森林生态功能修正系数

森林生态系统服务价值的合理测算对绿色国民经济核算具有重要意义，社会进步程度、经济发展水平、森林资源质量等对森林生态系统服务均会产生一定影响，而森林自身结构和功能状况则是体现森林生态系统服务可持续发展的基本前提。"修正"作为一种状态，表明系统各要素之间具有相对"融洽"的关系。当用现有的野外实测值不能代表同一生态单元同一目标林分类型的结构或功能时，就需要采用森林生态功能修正系数（Forest Ecological Function Correction Coefficient，简称 FEF-CC）客观地从生态学精度的角度反映同一林分类型在同一区域的真实差异。其理论公式为：

$$FEF\text{-}CC = \frac{B_e}{B_o} = \frac{BEF \times V}{B_o} \qquad (1\text{-}1)$$

式中：$FEF\text{-}CC$——森林生态功能修正系数；

B_e——评估林分的生物量（千克／立方米）；

B_o——实测林分的生物量（千克／立方米）；

BEF——蓄积量与生物量的转换因子；

V——评估林分的蓄积量（立方米）。

实测林分的生物量可以通过森林生态连清的实测手段来获取，而评估林分的生物量在白石山林业局森林资源清查中还没有完全统计出来。因此通过评估林分蓄积量和生物量转换因子来测算评估（方精云等，1996；Fang et al.，1998；Fang et al.，2001）。

五、贴现率

白石山林业局森林生态系统服务功能价值量评估中，由物质量转价值量时，部分价格参数并非评估年价格参数，因此需要使用贴现率（Discount Rate）将非评估年价格参数换算为评估年份价格参数以计算各项功能价值量的现价。白石山林业局森林生态系统服务功能价值量评估中所使用的贴现率指将未来现金收益折合成现在收益的比率。贴现率是一种存贷款均衡利率，利率的大小，主要根据金融市场利率来决定，其计算公式为：

$$t = (D_r + L_r) / 2 \tag{1-2}$$

式中：t——存贷款均衡利率（%）；

D_r——银行的平均存款利率（%）；

L_r——银行的平均贷款利率（%）。

贴现率利用存贷款均衡利率，将非评估年份价格参数，逐年贴现至评估年的价格参数。贴现率的计算公式为：

$$d = (1 + t_{n+1})(1 + t_{n+2}) \cdots (1 + t_m) \tag{1-3}$$

式中：d——贴现率；

t——存贷款均衡利率（%）；

n——价格参数可获得年份（年）；

m——评估年份（年）。

六、核算公式与模型包

（一）涵养水源功能

森林涵养水源功能主要是指森林对降水的截留、吸收和贮存，将地表水转为地表径流或地下水的作用（图1-8）。主要功能表现在增加可利用水资源、净化水质和调节径流三个方面。本研究选定2个指标，即调节水量指标和净化水质指标，以反映森林的涵养水源功能。

1. 调节水量指标

（1）年调节水量。森林生态系统年调节水量公式为：

$$G_调 = 10A \cdot (P - E - C) \cdot F \tag{1-4}$$

式中：$G_调$——实测林分年调节水量（立方米/年）；

P——实测林外降水量（毫米/年）；

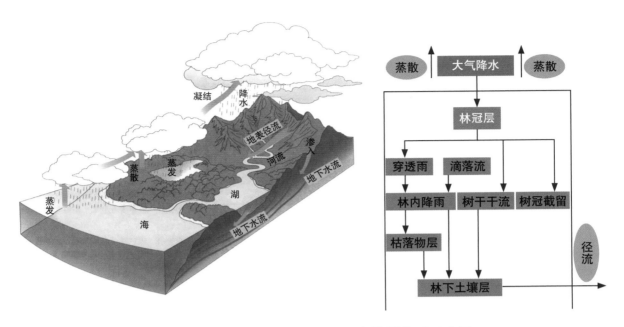

图 1-8 全球水循环及森林对降水的再分配示意图

E——实测林分蒸散量（毫米／年）；

C——实测地表快速径流量（毫米／年）；

A——林分面积（公顷）；

F——森林生态功能修正系数。

（2）年调节水量价值。森林生态系统年调节水量价值根据水库工程的蓄水成本（替代工程法）来确定，采用如下公式计算：

$$U_{调} = 10\,C_{库} \cdot A \cdot (P - E - C) \cdot F \cdot d \tag{1-5}$$

式中：$U_{调}$——实测森林年调节水量价值（元／年）；

$C_{库}$——水库库容造价（元／立方米，见附表）；

P——实测林外降水量（毫米／年）；

E——实测林分蒸散量（毫米／年）；

C——实测地表快速径流量（毫米／年）；

A——林分面积（公顷）；

F——森林生态功能修正系数；

d——贴现率。

2．年净化水质指标

（1）年净化水量。森林生态系统年净化水量采用年调节水量的公式：

$$G_{调} = 10A \cdot (P-E-C) \cdot F \tag{1-6}$$

式中：$G_{调}$——实测林分年净化水量（立方米／年）；

P——实测林外降水量（毫米／年）；

E——实测林分蒸散量（毫米／年）；

C——实测地表快速径流量（毫米／年）；

A——林分面积（公顷）；

F——森林生态功能修正系数。

（2）净化水质价值。森林生态系统年净化水质价值根据净化水质工程的成本（替代工程法）计算，公式为：

$$U_{水质} = 10K_{水} \cdot A \cdot (P-E-C) \cdot F \cdot d \tag{1-7}$$

式中：$U_{水质}$——实测林分净化水质价值（元／年）；

$K_{水}$——水的净化费用（元／立方米，见附表）；

P——实测林外降水量（毫米／年）；

E——实测林分蒸散量（毫米／年）；

C——实测地表快速径流量（毫米／年）；

A——林分面积（公顷）；

F——森林生态功能修正系数；

d——贴现率。

（二）保育土壤功能

森林凭借庞大的树冠、深厚的枯枝落叶层及强壮且成网络的根系截留大气降水，减少或免遭雨滴对土壤表层的直接冲击，有效地固持土体，降低了地表径流对土壤的冲蚀，使土壤流失量大大降低。而且森林的生长发育及其代谢物不断对土壤产生物理及化学影响，参与土体内部的能量流动与物质循环，使土壤肥力提高，森林是土壤养分的主要来源之一（图1-9）。为此，本研究选用2个指标，即固土指标和保肥指标，以反映森林保育土壤功能。

1. 固土指标

（1）年固土量。林分年固土量公式为：

$$G_{固土} = A \cdot (X_2 - X_1) \cdot F \tag{1-8}$$

式中：$G_{固土}$——实测林分年固土量（吨／年）；

X_1——有林地土壤侵蚀模数［吨／（公顷·年）］；

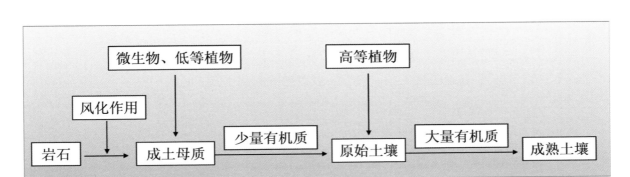

有机质从无到有、从少到多的过程。

图 1-9　植被对土壤形成的作用

X_2——无林地土壤侵蚀模数 [吨 / (公顷·年)] ；

A——林分面积（公顷）；

F——森林生态功能修正系数。

（2）年固土价值。由于土壤侵蚀流失的泥沙淤积于水库中，减少了水库蓄积量水的体积，因此本研究根据蓄水成本（替代工程法）计算林分年固土价值，公式为：

$$U_{固土} = A \cdot C_{土} \cdot (X_2 - X_1) \cdot F \cdot d / \rho \tag{1-9}$$

式中：$U_{固土}$——实测林分年固土价值（元 / 年）；

X_1——有林地土壤侵蚀模数 [吨 / (公顷·年)] ；

X_2——无林地土壤侵蚀模数 [吨 / (公顷·年)] ；

$C_{土}$——挖取和运输单位体积土方所需费用（元 / 立方米，见附表）；

ρ——土壤容重（克 / 立方厘米）；

A——林分面积（公顷）；

F——森林生态功能修正系数；

d——贴现率。

2. 保肥指标

（1）年保肥。

$$G_N = A \cdot N \cdot (X_2 - X_1) \cdot F \tag{1-10}$$

$$G_P = A \cdot P \cdot (X_2 - X_1) \cdot F \tag{1-11}$$

$$G_K = A \cdot K \cdot (X_2 - X_1) \cdot F \tag{1-12}$$

$$G_{有机质} = A \cdot M \cdot (X_2 - X_1) \cdot F \tag{1-13}$$

式中：G_N——森林固持土壤而减少的氮流失量（吨 / 年）；

G_P——森林固持土壤而减少的磷流失量（吨／年）；

G_K——森林固持土壤而减少的钾流失量（吨／年）；

$G_{有机质}$——森林固持土壤而减少的有机质流失量（吨／年）；

X_1——有林地土壤侵蚀模数[吨／（公顷·年）]；

X_2——无林地土壤侵蚀模数[吨／（公顷·年）]；

N——森林土壤含氮量（%）；

P——森林土壤含磷量（%）；

K——森林土壤含钾量（%）；

M——森林土壤平均有机质含量（%）；

A——林分面积（公顷）；

F——森林生态功能修正系数。

（2）年保肥价值。年固土量中氮、磷、钾的数量换算成化肥即为林分年保肥价值。本研究的林分年保肥价值以固土量中的氮、磷、钾数量折合成磷酸二铵化肥和氯化钾化肥的价值来体现。公式为：

$$U_{肥} = A \cdot (X_2 - X_1) \cdot \left(\frac{N \cdot C_1}{R_1} + \frac{P \cdot C_1}{R_2} + \frac{K \cdot C_2}{R_3} + M \cdot C_3 \right) \cdot F \cdot d \qquad (1\text{-}14)$$

式中：$U_{肥}$——实测林分年保肥价值（元／年）；

X_1——有林地土壤侵蚀模数[吨／（公顷·年）]；

X_2——无林地土壤侵蚀模数[吨／（公顷·年）]；

N——森林土壤平均含氮量（%）；

P——森林土壤平均含磷量（%）；

K——森林土壤平均含钾量（%）；

M——森林土壤有机质含量（%）；

R_1——磷酸二铵化肥含氮量（%，见附表）；

R_2——磷酸二铵化肥含磷量（%，见附表）；

R_3——氯化钾化肥含钾量（%，见附表）；

C_1——磷酸二铵化肥价格（元／吨，见附表）；

C_2——氯化钾化肥价格（元／吨，见附表）；

C_3——有机质价格（元／吨，见附表）；

A——林分面积（公顷）；

F——森林生态功能修正系数。

（三）固碳释氧功能。

森林与大气的物质交换主要是二氧化碳与氧气的交换，即森林固定并减少大气中的二氧化碳和提高并增加大气中的氧气（图1-10），这对维持大气中的二氧化碳和氧气动态平衡、减少温室效应以及为人类提供生存的基础均有巨大和不可替代的作用（Wang等，2013）。为此本研究选用固碳、释氧2个指标反映森林生态系统固碳释氧功能。根据光合作用化学反应式，森林植被每积累1.0克干物质，可以吸收1.63克二氧化碳，释放1.19克氧气。

图1-10 森林生态系统固碳释氧作用

1．固碳指标

（1）植被和土壤年固碳量。

$$G_{碳} = A \cdot (1.63 R_{碳} \cdot B_{年} + F_{土壤碳}) \cdot F \qquad (1\text{-}15)$$

式中：$G_{碳}$——实测年固碳量（吨/年）；

$\quad\quad B_{年}$——实测林分净生产力[吨/（公顷·年）]；

$\quad\quad F_{土壤碳}$——单位面积林分土壤年固碳量[吨/（公顷·年）]；

$\quad\quad R_{碳}$——二氧化碳中碳的含量，为27.27%；

$\quad\quad A$——林分面积（公顷）；

$\quad\quad F$——森林生态功能修正系数。

公式得出森林的潜在年固碳量，再从其中减去由于森林采伐造成的生物量移出从而损失的碳量，即为森林的实际年固碳量。

（2）年固碳价值。森林植被和土壤年固碳价值的计算公式为：

$$U_{碳}=A \cdot C_{碳} \cdot (1.63 R_{碳} \cdot B_{年}+F_{土壤碳}) \cdot F \cdot d \qquad (1\text{-}16)$$

式中：$U_{碳}$——实测林分年固碳价值（元／年）；

　　　$B_{年}$——实测林分净生产力［吨／（公顷·年）］；

　　　$F_{土壤碳}$——单位面积森林土壤年固碳量［吨／（公顷·年）］；

　　　$C_{碳}$——固碳价格（元／吨，见附表）；

　　　$R_{碳}$——二氧化碳中碳的含量，为 27.27%；

　　　A——林分面积（公顷）；

　　　F——森林生态功能修正系数；

　　　d——贴现率。

公式得出森林的潜在年固碳价值，再从其中减去由于森林年采伐消耗量造成的碳损失，即为森林的实际年固碳价值。

2．释氧指标

（1）年释氧。公式为：

$$G_{氧气}=1.19 A \cdot B_{年} \cdot F \qquad (1\text{-}17)$$

式中：$G_{氧气}$——实测林分年释氧量（吨／年）；

　　　$B_{年}$——实测林分净生产力［吨／（公顷·年）］；

　　　A——林分面积（公顷）；

　　　F——森林生态功能修正系数。

（2）年释氧价值。年释氧价值采用以下公式计算：

$$U_{氧}=1.19 C_{氧} A \cdot B_{年} \cdot F \cdot d \qquad (1\text{-}18)$$

式中：$U_{氧}$——实测林分年释氧价值（元／年）；

　　　$B_{年}$——实测林分年净生产力［吨／（公顷·年）］；

　　　$C_{氧}$——制造氧气的价格（元／吨，见附表）；

　　　A——林分面积（公顷）；

　　　F——森林生态功能修正系数；

　　　d——贴现率。

（四）林木积累营养物质功能

森林在生长过程中不断从周围环境吸收营养物质，固定在植物体中，成为全球生物化学循环不可缺少的环节，为此选用林木营养积累指标反映森林林木积累营养物质功能。

1. 林木营养物质年积累量

$$G_{氮} = A \cdot N_{营养} \cdot B_{年} \cdot F \quad\quad\quad (1\text{-}19)$$

$$G_{磷} = A \cdot P_{营养} \cdot B_{年} \cdot F \quad\quad\quad (1\text{-}20)$$

$$G_{钾} = A \cdot K_{营养} \cdot B_{年} \cdot F \quad\quad\quad (1\text{-}21)$$

式中：$G_{氮}$——植被固氮量（吨／年）；

$G_{磷}$——植被固磷量（吨／年）；

$G_{钾}$——植被固钾量（吨／年）；

$N_{营养}$——林木氮元素含量（%）；

$P_{营养}$——林木磷元素含量（%）；

$K_{营养}$——林木钾元素含量（%）；

$B_{年}$——实测林分净生产力[吨／（公顷·年）]；

A——林分面积（公顷）；

F——森林生态功能修正系数。

2. 林木营养年积累价值

采取把营养物质折合成磷酸二铵化肥和氯化钾化肥方法计算林木营养积累价值，公式为：

$$U_{营养} = A \cdot B \cdot \left(\frac{N_{营养} C_1}{R_1} + \frac{P_{营养} C_1}{R_2} + \frac{K_{营养} C_2}{R_3} \right) \cdot F \cdot d \quad\quad\quad (1\text{-}22)$$

式中：$U_{营养}$——实测林分氮、磷、钾年增加价值（元／年）；

$N_{营养}$——实测林木含氮量（%）；

$P_{营养}$——实测林木含磷量（%）；

$K_{营养}$——实测林木含钾量（%）；

R_1——磷酸二铵含氮量（%，见附表）；

R_2——磷酸二铵含磷量（%，见附表）；

R_3——氯化钾含钾量（%，见附表）；

C_1——磷酸二铵化肥价格（元／吨，见附表）；

C_2——氯化钾平化肥价格（元／吨，见附表）；

B——实测林分净生产力[吨／（公顷·年）]；

A——林分面积（公顷）；

F——森林生态功能修正系数；

d——贴现率。

（五）净化大气环境功能

近年灰霾天气的频繁、大范围出现，使空气质量状况成为民众和政府部门关注的焦点，大气颗粒物（如 PM_{10}、$PM_{2.5}$）被认为是造成灰霾天气的罪魁出现在人们的视野中。特别是 $PM_{2.5}$ 更是由于其对人体健康的严重威胁，成为人们关注的热点。如何控制大气污染、改善空气质量成为众多科学家研究的热点。

森林能有效吸收有害气体、滞纳粉尘、降低噪音、提供负离子等，从而起到净化大气环境的作用（图1-11）。为此，本研究选取提供负离子、吸收污染物（二氧化硫、氟化物和氮氧化物）、滞尘、滞纳 PM_{10} 和 $PM_{2.5}$ 等 7 个指标反映森林生态系统净化大气环境能力，由于降低噪音指标计算方法尚不成熟，所以本研究中不涉及降低噪音指标。

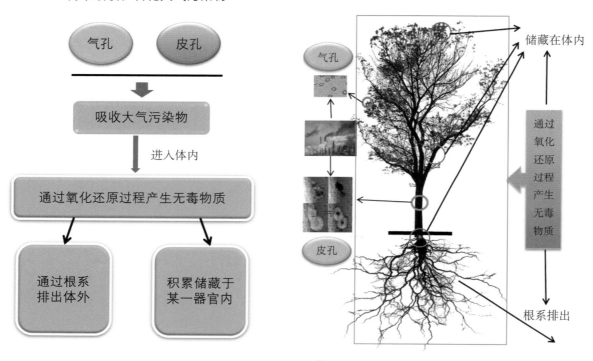

图 1-11　树木吸收空气污染物示意

1. 提供负离子指标

（1）年提供负离子量。

$$G_{负离子} = 5.256 \times 10^{15} \cdot Q_{负离子} \cdot A \cdot H \cdot F / L \tag{1-23}$$

式中：$G_{负离子}$——实测林分年提供负离子个数（个/年）；

$\quad\quad Q_{负离子}$——实测林分负离子浓度（个/立方厘米）；

H——林分高度（米）；

L——负离子寿命（分钟，见附表）；

A——林分面积（公顷）；

F——森林生态功能修正系数。

（2）年提供负离子价值。国内外研究证明，当空气中负离子达到 600 个／立方厘米以上时，才能有益人体健康，所以林分年提供负离子价值采用如下公式计算：

$$U_{负离子} = 5.256 \times 10^{15} \cdot A \cdot H \cdot K_{负离子} \cdot (Q_{负离子} - 600) \cdot F / L \cdot d \qquad (1\text{-}24)$$

式中：$U_{负离子}$——实测林分年提供负离子价值（元／年）；

$K_{负离子}$——负离子生产费用（元／个，见附表）；

$Q_{负离子}$——实测林分负离子浓度（个／立方厘米）；

L——负离子寿命（分钟，见附表）；

H——林分高度（米）；

A——林分面积（公顷）；

F——森林生态功能修正系数；

d——贴现率。

2．吸收污染物指标

二氧化硫、氟化物和氮氧化物是大气污染物的主要物质（图 1-12），因此本研究选取森

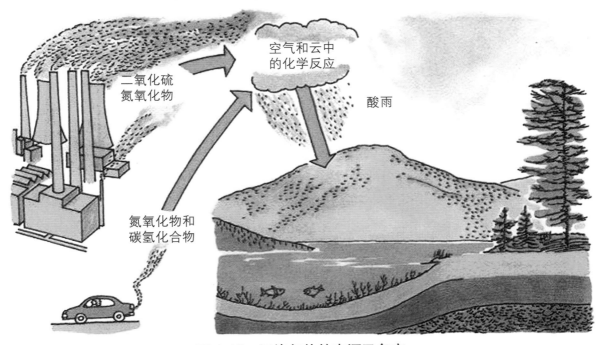

图 1-12　污染气体的来源及危害

林吸收二氧化硫、氟化物和氮氧化物 3 个指标评估森林生态系统吸收污染物的能力。森林对二氧化硫、氟化物和氮氧化物的吸收，可使用面积－吸收能力法、阈值法、叶干质量估算法等。本研究采用面积－吸收能力法评估森林吸收污染物的总量和价值。

（1）吸收二氧化硫。

① 二氧化硫年吸收量：

$$G_{二氧化硫} = Q_{二氧化硫} \cdot A \cdot F / 1000 \tag{1-25}$$

式中：$G_{二氧化硫}$——实测林分年吸收二氧化硫量（吨／年）；

$Q_{二氧化硫}$——单位面积实测林分年吸收二氧化硫量［千克／（公顷·年）］；

A——林分面积（公顷）；

F——森林生态功能修正系数。

②年吸收二氧化硫价值：

$$U_{二氧化硫} = K_{二氧化硫} \cdot Q_{二氧化硫} \cdot A \cdot F \cdot d \tag{1-26}$$

式中：$U_{二氧化硫}$——实测林分年吸收二氧化硫价值（元／年）；

$K_{二氧化硫}$——二氧化硫的治理费用（元／千克）；

$Q_{二氧化硫}$——单位面积实测林分年吸收二氧化硫量［千克／（公顷·年）］；

A——林分面积（公顷）；

F——森林生态功能修正系数；

d——贴现率。

（2）吸收氟化物。

①氟化物年吸收量：

$$G_{氟化物} = Q_{氟化物} \cdot A \cdot F / 1000 \tag{1-27}$$

式中：$G_{氟化物}$——实测林分年吸收氟化物量（吨／年）；

$Q_{氟化物}$——单位面积实测林分年吸收氟化物量［千克／（公顷·年）］；

A——林分面积（公顷）；

F——森林生态功能修正系数。

② 年吸收氟化物价值：

$$U_{氟化物} = K_{氟化物} \cdot Q_{氟化物} \cdot A \cdot F \cdot d \tag{1-28}$$

式中：$U_{氟化物}$——实测林分年吸收氟化物价值（元／年）；

$Q_{氟化物}$——单位面积实测林分年吸收氟化物量［千克／（公顷·年）］；

$K_{氟化物}$——氟化物治理费用（元／千克，见附表）；

A——林分面积（公顷）；

F——森林生态功能修正系数；

d——贴现率。

（3）吸收氮氧化物。

① 氮氧化物年吸收量：

$$G_{氮氧化物}=Q_{氮氧化物}\cdot A\cdot F/1000 \tag{1-29}$$

式中：$G_{氮氧化物}$——实测林分年吸收氮氧化物量（吨／年）；

$Q_{氮氧化物}$——单位面积实测林分年吸收氮氧化物量［千克／（公顷·年）］；

A——林分面积（公顷）；

F——森林生态功能修正系数。

② 年吸收氮氧化物价值：

$$U_{氮氧化物}=K_{氮氧化物}\cdot Q_{氮氧化物}\cdot A\cdot F\cdot d \tag{1-30}$$

式中：$U_{氮氧化物}$——实测林分年吸收氮氧化物价值（元／年）；

$K_{氮氧化物}$——氮氧化物治理费用（元／千克）；

$Q_{氮氧化物}$——单位面积实测林分年吸收氮氧化物量［千克／（公顷·年）］；

A——林分面积（公顷）；

F——森林生态功能修正系数；

d——贴现率。

3. 滞尘指标

鉴于近年来人们对 PM_{10} 和 $PM_{2.5}$ 的关注，本研究在评估总滞尘量及其价值的基础上，将 PM_{10} 和 $PM_{2.5}$ 从总滞尘量中分离出来进行了单独的物质量和价值量评估。

（1）年总滞尘量。

$$G_{滞尘}=Q_{滞尘}\cdot A\cdot F/1000 \tag{1-31}$$

式中：$G_{滞尘}$——实测林分年滞尘量（吨／年）；

$Q_{滞尘}$——单位面积实测林分年滞尘量［千克／（公顷·年）］；

A——林分面积（公顷）；

F——森林生态功能修正系数。

（2）年滞尘总价值。

本研究中，采用健康危害损失法计算林分滞纳 PM_{10} 和 $PM_{2.5}$ 的价值。其中，PM_{10} 采用的是治疗因空气颗粒物污染而引发的上呼吸道疾病的费用；$PM_{2.5}$ 采用的是治疗因为空气颗粒物污染而引发的下呼吸道疾病的费用。林分滞纳其余颗粒物的价值仍选用降尘清理费用计算。

$$U_{\text{滞尘}} = (Q_{\text{滞尘}} - Q_{PM_{10}} - Q_{PM_{2.5}}) \cdot K_{\text{滞尘}} \cdot F \cdot d + U_{PM_{10}} + U_{PM_{2.5}} \tag{1-32}$$

式中：$U_{\text{滞尘}}$——实测林分年滞尘价值（元/年）；

　　　$Q_{PM_{10}}$——单位面积实测林分年滞纳 PM_{10} 量 [千克/（公顷·年）]；

　　　$Q_{PM_{2.5}}$——单位面积实测林分年滞纳 $PM_{2.5}$ 量 [千克/（公顷·年）]；

　　　$Q_{\text{滞尘}}$——单位面积实测林分年滞尘量 [千克/（公顷·年）]；

　　　$K_{\text{滞尘}}$——降尘清理费用（元/千克，见附表）；

　　　A——林分面积（公顷）；

　　　F——森林生态功能修正系数；

　　　d——贴现率。

4．滞纳 PM_{10}

（1）年滞纳 PM_{10} 量。

$$G_{PM_{10}} = 10 \cdot Q_{PM_{10}} \cdot A \cdot n \cdot F \cdot LAI \tag{1-33}$$

式中：$G_{PM_{10}}$——实测林分年滞纳 PM_{10} 的量（千克/年）；

　　　$Q_{PM_{10}}$——实测林分单位叶面积滞纳 PM_{10} 量（克/平方米）；

　　　A——林分面积（公顷）；

　　　n——洗脱次数；

　　　F——森林生态功能修正系数；

　　　LAI——叶面积指数。

（2）年滞纳 PM_{10} 价值。

$$U_{PM_{10}} = 10 \cdot C_{PM_{10}} \cdot Q_{PM_{10}} \cdot A \cdot n \cdot F \cdot LAI \cdot d \tag{1-34}$$

式中：$U_{PM_{10}}$——实测林分年滞纳 PM_{10} 价值（元/年）；

　　　$C_{PM_{10}}$——由 PM_{10} 所造成的健康危害经济损失（治疗上呼吸道疾病的费用）（元/千克）；

　　　$Q_{PM_{10}}$——实测林分单位叶面积滞纳 PM_{10} 量（克/平方米）；

　　　A——林分面积（公顷）；

n——洗脱次数；

F——森林生态功能修正系数；

LAI——叶面积指数；

d——贴现率。

5．滞纳 $PM_{2.5}$（图 1-13）

（1）年滞纳 $PM_{2.5}$ 量。

$$G_{PM_{2.5}} = 10 \cdot Q_{PM_{2.5}} \cdot A \cdot n \cdot F \cdot LAI \qquad (1\text{-}35)$$

式中：$G_{PM_{2.5}}$——实测林分年滞纳 $PM_{2.5}$ 的量（千克 / 年）；

$Q_{PM_{2.5}}$——实测林分单位叶面积滞纳 $PM_{2.5}$ 量（克 / 平方米）；

A——林分面积（公顷）；

n——年洗脱次数；

F——森林生态功能修正系数；

LAI——叶面积指数。

（2）年滞纳 $PM_{2.5}$ 价值。

$$U_{PM_{2.5}} = 10 \cdot C_{PM_{2.5}} \cdot Q_{PM_{2.5}} \cdot A \cdot n \cdot F \cdot LAI \cdot d \qquad (1\text{-}36)$$

式中：$U_{PM_{2.5}}$——实测林分年滞纳 $PM_{2.5}$ 价值（元 / 年）；

$C_{PM_{2.5}}$——由 $PM_{2.5}$ 所造成的健康危害经济损失（治疗下呼吸道疾病的费用）（元 /

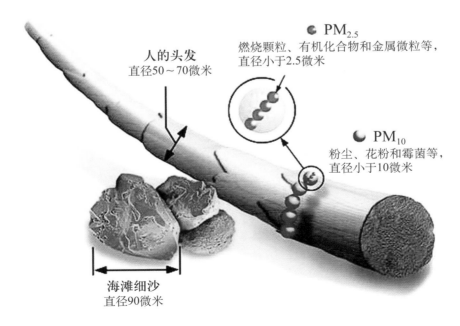

图 1-13　$PM_{2.5}$ 颗粒直径示意

千克，见附表）；

$Q_{\mathrm{PM}_{2.5}}$——实测林分单位叶面积滞纳 $PM_{2.5}$ 量（克／平方米）；

A——林分面积（公顷）；

n——洗脱次数；

F——森林生态功能修正系数；

LAI——叶面积指数；

d——贴现率。

（六）生物多样性保护

生物多样性维护了自然界的生态平衡，并为人类的生存提供了良好的环境条件。生物多样性是生态系统不可缺少的组成部分，对生态系统服务功能的发挥具有十分重要的作用（王兵等，2012）。Shannon-Wiener 指数是反映森林中物种的丰富度和分布均匀程度的经典指标。传统 Shannon-Wiener 指数对生物多样性保育等级的界定不够全面。本研究增加濒危指数、特有种指数和古树指数，对 Shannon-Wiener 指数进行修正，以利于生物资源的合理利用和相关部门保护工作的合理分配。

修正后的生物多样性保护功能评估公式如下：

$$U_{\text{总}} = \left(1 + 0.1 \sum_{m=1}^{x} E_{\mathrm{m}} + 0.1 \sum_{n=1}^{y} B_{\mathrm{n}} + 0.1 \sum_{r=1}^{z} O_{\mathrm{r}} \right) \cdot S_{1} \cdot A \cdot d \tag{1-37}$$

式中：$U_{\text{总}}$——实测林分年生物多样性保护价值（元／年）；

E_{m}——实测林分或区域内物种 m 的濒危分值（见表 1-2）；

B_{n}——评估林分或区域内物种 n 的特有种（见表 1-3）；

O_{r}——评估林分（或区域）内物种 r 的古树年龄指数（见表 1-4）；

x——计算濒危指数物种数量；

y——计算特有种指数物种数量；

z——计算古树年龄指数物种数量；

$S_{\text{生}}$——单位面积物种多样性保护价值量 [元／（公顷·年）]；

A——林分面积（公顷）；

d——贴现率。

表1-2　物种濒危指数体系

濒危指数	濒危等级	物种种类
4	极危	参见《中国物种红色名录（第一卷）：红色名录》
3	濒危	
2	易危	
1	近危	

表1-3　特有种指数体系

特有种指数	分布范围
4	仅限于范围不大的山峰或特殊的自然地理环境下分布
3	仅限于某些较大的自然地理环境下分布的类群，如仅分布于较大的海岛(岛屿)、高原、若干个山脉等
2	仅限于某个大陆分布的分类群
1	至少在2个大陆都有分布的分类群
0	世界广布的分类群

注：参见《植物特有现象的量化》(苏志尧，1999)。

表1-4　古树年龄指数体系

古树年龄	指数等级	来源及依据
100～299年	1	参见全国绿化委员会、国家林业局文件《关于开展古树名木普查建档工作的通知》
300～499年	2	
≥500年	3	

本次评估根据 Shannon-Wiener 指数计算生物多样性保护价值，共划分 7 个等级，即：

当指数 <1 时，S1 为 3000[元/(公顷·年)]；

当 1≤指数<2 时，S1 为 5000[元/(公顷·年)]；

当 2≤指数<3 时，S1 为 10000[元/(公顷·年)]；

当 3≤指数<4 时，S1 为 20000[元/(公顷·年)]；

当 4≤指数<5 时，S1 为 30000[元/(公顷·年)]；

当 5≤指数<6 时，S1 为 40000[元/(公顷·年)]；

当指数≥6 时，S1 为 50000[元/(公顷·年)]。

再通过价格折算系数将 2008 年价格折算至 2015 年现价。

第二章
白石山林业局自然资源及地理概况

第一节 自然概况

一、地形地貌

吉林省白石山林业局地处张广才岭南端，威虎岭西侧，地理坐标为东经127°22′～127°52′，北纬43°17′～43°51′（图2-1）。该区为威虎岭、张广才岭延伸部分，峰峦连绵起伏，地形较为复杂。南部高差大，多为陡坡险岭；北部高差小，坡度较缓，地势开阔，地形多为台地和鸡爪埠地。平均海拔高为600米，最高海拔高1283.6米，最低处海拔高320米，白石山林业局各林场地形地貌如图2-2。

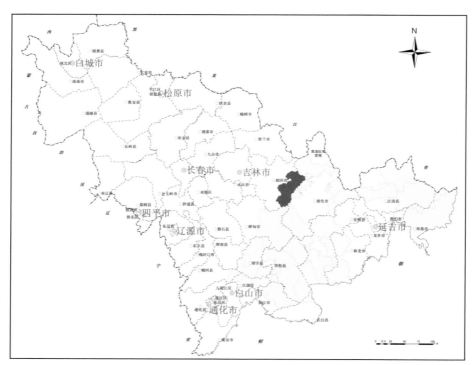

图2-1 吉林省白石山林业局地理位置

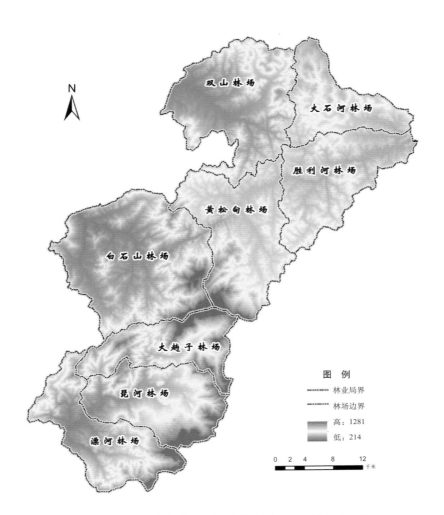

图 2-2 吉林省白石山林业局各林场地形地貌

二、河流水系

由于受张广才岭延伸山脉所隔，全区为两大水系，即松花江水系、牡丹江水系。流入松花江的主要河流有南部漂河林场境内的二道漂河、大趟子和琵河林场境内的琵河，西部白石山林场境内的蛟河，双山林场境内的义气河。流入牡丹江的主要河流有东北部起源于黄松甸林场境内平顶山流经胜利河林场的威虎河，北部起源于大石河林场的大石河，这两条河流汇集到珠尔河后流入牡丹江（图 2-3）。水文地质条件适宜，地下水资源十分丰富。

三、气候土壤

白石山林业局属于半湿润温带大陆性气候区，四季分明。冬季漫长，寒冷而干燥，夏季温热多雨，年平均气温为 3.8℃，夏季最高气温高达 35.2℃。降雨多集中在 7、8 月份，年平均降雨量为 720 mm。早霜始于每年的 9 月中旬，晚霜止于翌年的 5 月中旬，全年无霜期为 110～120 天，林木生长期为 120 天左右。

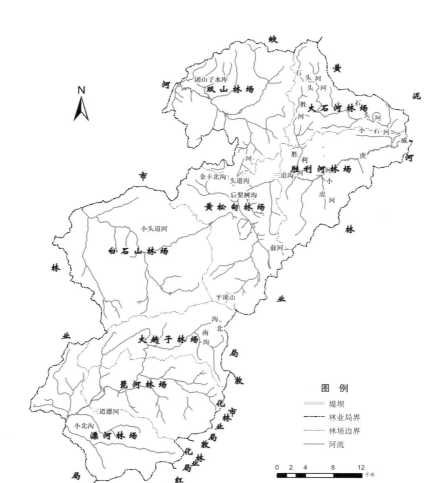

图2-3　吉林省白石山林业局的水系

四、植　被

　　白石山林业局位于吉林省东部，地处第二松花江中游右岸，东有张广才岭，西有老爷岭，形成了丰富多样的生态群落和野生植物。据初步统计，该区有野生植物2277种，分属于73目246科。其中：真菌类植物15目37科430种；地衣类植物2目22科200种；苔藓类植物14目57科311种；蕨类植物7目19科80种；裸子植物2目3科11种；被子植物33目108科1325种。植被类型属于长白山植物区系，森林构成的主要类型为温带针叶林、针阔混交林及各种类型阔叶林。构成乔木层的主要树种有蒙古栎、色木械、胡桃楸、白桦、落叶松，其次还有红松和云冷杉。天然红松、云冷杉多数分布在山的上部、顶部，落叶松主要分布在胜利河、大石河、双山林场的沟谷和草甸上。主要林下灌木有榛子、忍冬、刺五加、珍珠梅和具有一定经济价值的五味子、猕猴桃、山葡萄等。地被物主要有沙草、薹草、蕨类、木贼、山茄子等。

第二节 社会经济概况

一、行政区划、人口、交通和通信状况

白石山林业局隶属于吉林森工集团，下设双山、大石河、胜利河、黄松甸、白石山、大趟子、琵河、漂河等 8 个林场。其中，大石河、胜利河林场跨蛟河、敦化两市外，其他林场均位于蛟河市境内，局址设在蛟河市白石山镇。

施业区内公路、铁路通畅，交通十分便捷，榆江公路南北走向，长图铁路线、302 国道、乌图高速公路横贯东西，是长白山等旅游景点必经之地。林区公路里程达到 498 千米，路网密度 4.3 米 / 公顷，为林业经营和发展提供了有利条件。

白石山林业局行政区划除大石河、胜利河林场跨蛟河、敦化两市外，其他林场均位于蛟河市境内，是一个典型的农林交错、居住混杂的森工企业。辖区内有 3 镇 2 乡（白石山镇、黄松甸镇、漂河镇、前进乡、乌林朝鲜族乡的部分村屯在经营区内），辖区内共有 32 个村、132 个自然屯。林区总人口 6.9 万，林业总人口 1.87 万。

白石山林业局交通便利，公路、铁路交织成网，长图铁路线、302 国道、长珲高速公路、吉珲高铁横贯东西。辖区内各林场、村屯均通客车，形成四通八达的交通网络。有线电话连接到各林场、乡镇、村屯，无线网络覆盖整个辖区，基本无盲区、无死角，形成了全方位、全天候立体交叉的通信网络。

二、机构设置

白石山林业局始建于 1960 年，隶属于中国吉林森林工业集团有限责任公司，是吉林森工集团的全资子公司，属国家大二型森工企业，天然林保护工程区实施单位。白石山林业局根据职能分工的不同形成了完整的机构设置，分局机关和基层单位。局机关包括党委组织部、党委宣传部、纪律监察部、政法办、武装部、计划开发部、生产技术部、财务部、企业管理部、监察部、劳动人事部、审计部、安全环保监察部、基建房产部、信访办公室等；基层单位包括森林资源管理处、营林处、森林保护处、森林资源调查设计处、森林旅游管理处、电力管理处、离退休管理处、汽运处、木材经销公司、资源开发公司、白林供水公司、白林供热公司、绿化苗木经销公司、贮木场、创达人造板厂、双山阔叶种子园、新发苗圃、白林医院及漂河、琵河、大趟子、白石山、黄松甸、胜利河、大石河、双山林场等，截至 2015 年，在册员工 2401 人。随着全面停止商业性采伐、国有林区改革指导意见的贯彻落实，一些社会管理和社会职能的单位将从企业中剥离，机构设置将会发生很大的变化。

三、林业生产情况

多年来，白石山林业局始终坚持"以营林为基础，普遍护林，大力造林，采育结合，永续利用"的林业建设方针，已形成了以森林培育与资源管护为主的基础产业，以木材生产为主的优势产业、以中密度纤维板生产为主的林产工业支柱产业，以林下经济为主的资源开发接续产业，以矿业勘探、开发和森林旅游为主的后续产业为一体的现代化森工企业。

"十二五"期间，白石山林业局严格按照森林分类经营，对森林采取修枝、割灌、生长伐、低产林改造、择伐、更新择伐等经营措施，活立木蓄积量净增长 62.07 万立方米，共为社会提供 30.96 万立方米木材、人工造林 10771.77 公顷，为社会创造了一定的经济效益和社会效益。

第三节　白石山林业局森林资源概况

一、森林资源结构

白石山林业局土地总面积 133029.3 公顷，森林覆盖率达 95.67%，多为原始森林，蕴藏着丰富的野生动植物资源、矿产资源及生态旅游资源，具有独特的自然景观和良好的生态环境，森林生态系统较为完整。

白石山林业局所辖共 8 个林场，其中双山林场面积最大，为 21664.4 公顷，大石河林场面积最小，各林场经营面积详见表 2-1。

表 2-1　白石山林业局各林场经营面积统计

林场	林地面积（公顷）
双山林场	21664.4
大石河林场	12450.0
胜利河林场	18631.0
黄松甸林场	14735.7
白石山林场	19443.0
大趟子林场	13507.0
琵河林场	16601.2
漂河林场	15997.0
总计	133029.3

（一）优势树种结构

根据《吉林省森林资源规划设计调查技术细则》（以下简称《细则》），在乔木林、疏林中，按蓄积量组成比重确定小班的优势树种（组）。一般情况下，按该树种（组）蓄积量占小班总蓄积量 65% 以上确定，未达到起测胸径的幼龄林、未成林地，按株数组成比例确定。白石山林业局乔木林林地面积为 127267.1 公顷，蓄积量 17511674 立方米。有林地各优势树种面积蓄积量分布情况见表 2-2 与图 2-4。

（二）龄组结构

有林地的林龄组根据优势树种（组）的平均年龄确定，根据《细则》规定，分为幼龄林、中龄林、近熟林、成熟林及过熟林。白石山林业局各林龄组面积及蓄积量如表 2-3 所示，各龄组面积、蓄积量比例如图 2-5 所示。全局近熟林与成熟林的面积与蓄积量所占比重较大。

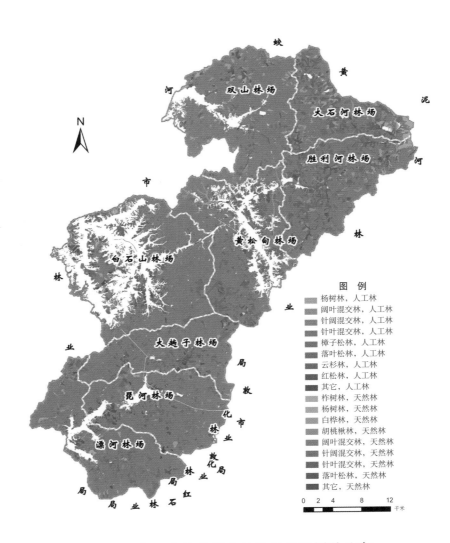

图 2-4　白石山林业局有林地各优势树种分布

表2-2　白石山林业局主要优势树种（组）面积、蓄积量统计

优势树种（组）	面积（公顷）	比重（%）	蓄积量（立方米）	比重（%）	优势树种（组）	面积（公顷）	比重（%）	蓄积量（立方米）	比重（%）
天然林计	105844.4	83.17	15139863	86.46	人工林计	21422.7	16.83	2267699	13.54
红松林	3.5	—	838	—	红松林	1242.0	0.98	135924	0.78
云杉林	86.5	0.07	3236	0.02	云杉林	1545.1	1.21	80814	0.46
樟子松林	9.6	0.01	240	—	樟子松林	1400.5	1.1	131627	0.75
落叶松林	532.3	0.42	75991	0.43	落叶松林	6225.6	4.89	803601	4.59
水曲柳林	21.4	0.02	2115	0.01	水曲柳林	34.7	0.03	834	—
胡桃楸林	760.1	0.6	76998	0.44	胡桃楸林	118.0	0.09	13557	0.08
柞树林	1234.2	0.97	149831	0.86	黄檗林	1.1	—	43	—
榆树林	17.0	0.01	974	0.01	色木林	7.2	0.01	1664	0.01
色木林	0.7	—	—	—	白桦林	1.4	—	—	—
枫桦林	15.1	0.01	2441	0.01	杨树林	1991.7	1.56	259567	1.48
白桦林	1713.7	1.35	177188	1.01	针叶混交林	1233.8	0.97	107794	0.62
杨树林	317.1	0.25	38709	0.22	阔叶混交林	646.4	0.51	71279	0.41
柳树林	0.8	—	8	—	针阔混交林	6975.2	5.48	765107	4.36
其他阔叶林	3.3	—	31	—					
针叶混交林	188.9	0.15	9931	0.06					
阔叶混交林	92098.0	72.37	13442331	76.76					
针阔混交林	8842.2	6.94	1159001	6.63					
总计	127267.1	100	17511674	100					

表2-3 白石山林业局有林地各林龄组面积及蓄积量统计

统计项目	合计	幼龄林	中龄林	近熟林	成熟林	过熟林
面积（公顷）	127267.1	17602.1	33026.3	39029.6	31968.6	5640.5
比重（%）	100	13.83	25.95	30.67	25.12	4.43
蓄积量（立方米）	17511674	1248833	3775966	5547001	5766381	1173493
比重（%）	100	7.13	21.56	31.68	32.93	6.70

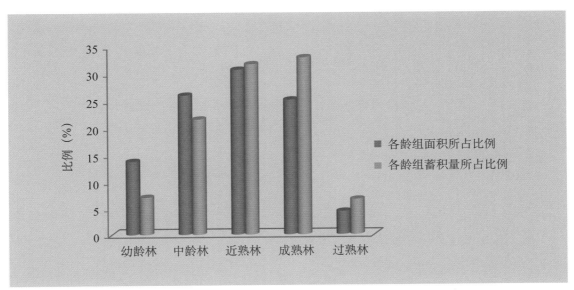

图2-5 白石山林业局有林地各龄组面积、蓄积量分布

（三）起源结构

根据《细则》规定，林地按照起源分为天然林和人工林，其中天然林是指天然下种或萌生形成的有林地、疏林地、未成林地、灌木林地；人工林指人工植苗、直播、扦插、嫁接、分殖或插条形成的有林地、疏林地、未成林地、灌木林地。白石山林业局有林地和灌木林中天然林面积及蓄积量如表2-4所示，林地不同起源面积及蓄积量比例如图2-6所示。白石山林业局有林地不同起源的不同龄组分布图如2-7所示。

表2-4 白石山林业局有林地不同起源的面积及蓄积量统计

起源	面积（公顷）	比重（%）	蓄积量（立方米）	比重（%）
天然林	105844.4	83.17	15139863	86.46
人工林	21422.7	16.83	2267699	13.54
合计	127267.1	100.00	17407562	100.00

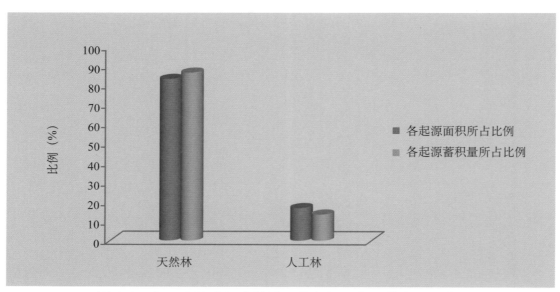

图 2-6　白石山林业局有林地不同起源面积、蓄积量分布

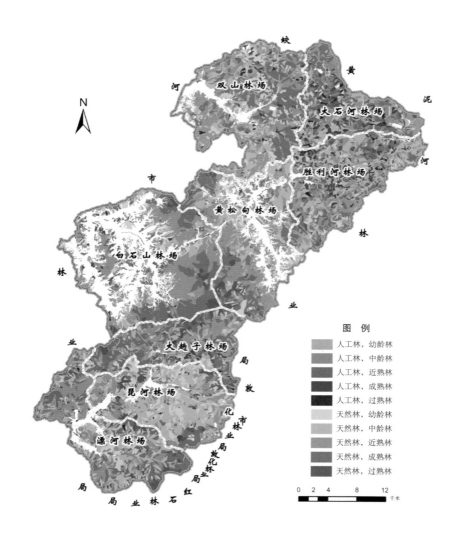

图 2-7　白石山林业局有林地不同起源、不同龄组森林面积分布

（四）林种

根据经营目标不同，将白石山林业局有林地分为三大林种，以用材林为主，然后依次为防护林和特种用途林，各林种的面积、蓄积量及所占比重详见表2-5，有林地不同林种面积及蓄积量比例如图2-8所示。

表2-5 白石山林业局有林地不同林种的面积及蓄积量统计

统计项目	合计	林种		
		用材林	防护林	特种用途林
面积（公顷）	127267.1	94428.2	22929.7	9909.2
比重（%）	100.00	74.20	18.02	7.79
蓄积量（立方米）	17511674	12893063	2767784	1850827
比重（%）	100.00	73.63	15.81	10.57

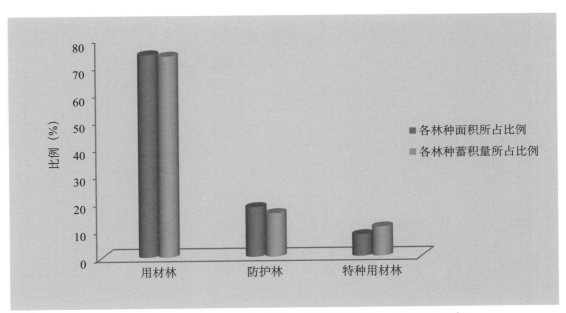

图2-8 白石山林业局有林地不同林种面积、蓄积量分布

二、森林资源变动分析

吉林省白石山林业局分别于2004年和2015年对所辖森林进行了森林资源二类清查工作，为便于两次调查数据的分析比较，将2004年的森林覆盖率和地类面积按照2015年颁发的《吉林省森林资源规划设计调查技术细则》重新进行计算。

（一）森林林地面积、蓄积量变化及原因分析

全局自2004～2015年期间林地面积减少了1218.9公顷，非林地面积减少了166.8公

顷。活立木蓄积量 17511674 立方米，十一年间增加了 2334575 立方米，增幅为 15.38%，森林覆盖率由 94.98% 上升到 95.67%，增加了 0.69 个百分点。全局各类土地面积具体变化详见表 2-6。

表 2-6　白石山林业局 2004 ～ 2015 年各类森林林地面积变化

统计单位	调查年度	总计（公顷）	林地合计（公顷）	有林地（公顷）	活立木蓄积量（立方米）	森林覆盖率（%）
全局	2004	134415	134248.2	127665	15177099	94.98
	2015	133029.3	133029.3	127267.1	17511674	95.67
	变化量	-1385.7	-1218.9	-397.9	2334575	0.69
双山	2004	21810	21806.6	21110	2341907	96.79
	2015	21664.4	21664.4	20811.1	2351899	96.06
	变化量	-145.6	-142.2	-298.9	9992	-0.73
大石河	2004	12469	12469	12268	1522360	98.39
	2015	12450	12450	12179.5	1734867	97.82
	变化量	-19	-19	-88.5	212507	-0.57
胜利河	2004	18686	18686	18320	2194801	98.04
	2015	18631	18631	18308.3	2632406	98.26
	变化量	-55	-55	-11.7	437605	0.22
黄松甸	2004	15900	15867.9	13660.7	1677766	85.92
	2015	14735.7	14735.7	13750.2	1897035	93.31
	变化量	-1164.3	-1132.2	89.5	219269	7.39
白石山	2004	19775	19689	17566.9	2232397	88.83
	2015	19443	19443	17407.7	2594873	89.56
	变化量	-332	-246	-159.2	362476	0.73
大趟子	2004	13531	13529.4	13428.7	1623439	99.24
	2015	13507	13507	13369.7	2296611	98.98
	变化量	-24	-22.4	-59	673172	-0.26
琶河	2004	16394	16353.6	16001.2	1711210	97.6
	2015	16601.2	16601.2	15951.6	1899254	96.08
	变化量	207.2	247.6	-49.6	188044	-1.52
漂河	2004	15850	15846.7	15309.5	1873219	96.59
	2015	15997	15997	15489	2104729	96.82
	变化量	147	150.3	179.5	231510	0.23

11 年间各地类面积变化的主要原因有：

(1) 由于林地侵蚀、开垦林地乱砍乱伐使一部分有林地变为疏林地；工程项目征占林地，使有林地面积减少了 397.9 公顷。

(2) 全局森林覆盖率提高 0.69 个百分点。主要是由于白石山林业局从 2004 年以来修建公路、铁路、输电线路和水利枢纽等工程项目征占用有林地，使有林地面积减少；2004 ～ 2015 年经营采伐使有林地面积减少（部分已经造林）；由于农田改造，使国家特别规定灌木林地减少，森林覆盖率随之降低。但由于经营总面积减幅（-1.03%）大于有林地和灌木林地面积减幅（-0.43%），森林覆盖率整体提高，增幅最大的是黄松甸林场，减幅最大的是琵河林场。

（二）不同林种面积、蓄积量的变化

由表 2-7 可以看出，全局有林地中林种面积增加最多的是防护林，增加 20194.4 公顷，减少最多的是用材林，减少 27994.5 公顷。主要原因：经营期内实施生态公益林保护工程，将部分用材林划分为防护林和特用林。

表 2-7　白石山林业局各林种面积的变化（公顷）

地区	年度	合计	特用林	防护林	用材林
全 县	2004	127665.0	2507.0	2735.3	122422.7
	2015	127267.1	9909.2	22929.7	94428.2
	变化量	-397.9	7402.2	20194.4	-27994.5
双山林场	2004	21110.0	—	39.4	21070.6
	2015	20811.1	—	4683.6	16127.5
	变化量	-298.9	—	4644.2	-4943.1
大石河林场	2004	12268.0	287.1	—	11980.9
	2015	12179.5	287.1	4546.5	7345.9
	变化量	-88.5	—	4546.5	-4635.0
胜利河林场	2004	18320.0	—	50.5	18269.5
	2015	18308.3	—	4186.7	14121.6
	变化量	-11.7	—	4136.2	-4147.9
黄松甸林场	2004	13660.7	—	98.1	13562.6
	2015	13750.2	232.0	2223.1	11295.1
	变化量	89.5	232.0	2125.0	-2267.5

（续）

地区	年度	合计	特用林	防护林	用材林
白石山林场	2004	17566.9	2022.5	2368.7	13175.7
	2015	17407.7	4350.9	3276.2	9780.6
	变化量	-159.2	2328.4	907.5	-3395.1
大趟子林场	2004	13428.7	197.4	28.4	13202.9
	2015	13369.7	5039.2	351.3	7979.2
	变化量	-59.0	4841.8	322.9	-5223.7
琵河林场	2004	16001.2	—	119.5	15881.7
	2015	15951.6	—	1284.2	14667.4
	变化量	-49.6	—	1164.7	-1214.3
漂河林场	2004	15309.5	—	30.7	15278.8
	2015	15489.0	—	2378.1	13110.9
	变化量	179.5	—	2347.4	-2167.9

积、蓄积量都有所增加；近熟林面积、蓄积量增加幅度最大，面积较上期增加13373.9公顷，蓄积量较上期增加1822783立方米。全局11年间有林地各龄组面积、蓄积量变化原因如下：

表2-8　白石山林业局林龄面积、蓄积量的变化

龄组		2004	2015	变化量
合计	面积（公顷）	127665	127267.1	-397.9
	蓄积量（立方米）	15177099	17511674	2334575
幼龄林	面积（公顷）	31515.1	17602.1	-13913
	蓄积量（立方米）	1460245	1248833	-211412
中龄林	面积（公顷）	39659.9	33026.3	-6633.6
	蓄积量（立方米）	4290040	3775966	-514074
近熟林	面积（公顷）	25655.7	39029.6	13373.9
	蓄积量（立方米）	3724218	5547001	1822783
成熟林	面积（公顷）	25696.9	31968.6	6271.7
	蓄积量（立方米）	4646483	5766381	1119898
过熟林	面积（公顷）	5137.4	5640.5	503.1
	蓄积量（立方米）	1056113	1173493	117380

①幼龄林面积和蓄积量减少，主要是一部分幼龄林进阶到中龄林；灌木林地、未成林地复耕严重，难成林。②中龄林面积、蓄积量减少，主要原因是自然进阶为近熟林。③近熟林面积和蓄积量均明显增加，主要原因是上期中龄林的自然进阶，经过 11 年的自然生长进阶到近熟林的面积也很大，蓄积量也随之增加很多。④近熟林中林木处于生长旺盛期，而且近熟林的经营方式主要以管护为主，因此近熟林自身的蓄积量增长也是一方面原因。⑤成熟林面积、蓄积量增加，主要原因是上期近熟林的自然进阶。⑥过熟林面积和蓄积量均增加，主要原因是上期部分成熟林的自然进阶。

第三章
白石山林业局森林生态系统服务物质量评估

森林生态系统服务物质量评估主要是从物质量的角度对森林生态系统所提供的各项服务进行定量评估，依据中华人民共和国林业行业标准《森林生态系统服务功能评估规范》(LY/T 1721-2008)，本章将对白石山林业局森林生态系统服务功能的物质量开展评估研究，进而揭示白石山林业局森林生态系统服务的特征。

第一节　白石山林业局森林生态系统服务物质量评估总结果

一、白石山林业局森林生态系统服务物质量评估结果

根据白石山林业局森林生态连清体系和生态效益评估方法，开展对该地区森林涵养水源、保育土壤、固碳释氧、林木积累营养物质和净化大气环境等5个类别18个分项生态效益物质量的评估，具体评估结果如表3-1所示。

白石山林业局位于第二松花江流域、牡丹江流域流范围内，主要为中低山，属流水地貌，海拔高度相差较大，坡度在15°～35°之间，易造成水土流失。其中，汇入松花江水系的主要河流有南部漂河林场境内的二道漂河，大趟子和琵河林场境内的琵河，西部白石山林场境内的蛟河，双山林场境内的义气河。汇入牡丹江水系的主要河流有东北部起源于黄松甸林场境内平顶山流经胜利河林场的威虎河，北部起源于大石河林场的大石河，这两条河流汇集到珠尔河后流入牡丹江。由于多年采伐和人为活动，该区森林保有量减少幅度较大。白石山林业局位于吉林市最东部（图3-1），其森林面积占吉林市（151.61万公顷）森林面积8.39%。根据《吉林省白石山林业局林地保护利用规划》，白石山林业局属生态脆弱区，生态重要性等级极高。根据《2013年吉林省水资源公报》结果显示，吉林省水资源总量为607.41亿立方米，其中，大中型水库蓄水量为171.40亿立方米（吉林省水利厅，2013）。由表3-1可知，白石山林业局森林每年调节水量为3.06亿立方米，白石山林业局森

林生态系统涵养水源量相当于水资源总量的 0.5%。吉林省是我国水资源紧缺省份之一，水资源供需矛盾突出，白石山林业局所处的东部山区，水资源量较多，参照 2015 年的《吉林省森林生态连清与生态系统服务研究》与《2015 年天然林保护工程东北、内蒙古重点国有林区效益监测国家报告》可知，白石山林业局森林生态系统的调节水量占吉林市（40.81 亿立方米 / 年）总量的 7.47%，占吉林省保护经营局（白石山林业局、黄泥河林业局、八家子林业局、安图林业局）森工企业的天保实施后涵养水源量（8.66 亿立方米 / 年）的 35.22%，由此可见，白石山林业局所经营的森林资源作为松花江水系和牡丹江水系重要的水土保持和涵养地，对于保障中下游地区的生产生活用水需求和维护农业生产稳定发展，具有十分重要作用。

白石山林业局地处老爷岭、威虎岭、张广才岭延伸部分，峰峦连绵起伏，地形较为复杂。土壤的水平、垂直分布比较明显，分布最广的地带性土壤是暗棕壤，成土母质主要是花

表 3-1　白石山林业局森林生态系统服务功能物质量

功能项	功能分项	物质量
涵养水源	调节水量（10^8 立方米/年）	3.06
保育土壤	固土（10^4 吨/年）	319.95
	N（10^4 吨/年）	1.67
	P（10^4 吨/年）	0.27
	K（10^4 吨/年）	6.62
	有机质（10^4 吨/年）	17.65
固碳释氧	固碳（10^4 吨/年）	29.41
	释氧（10^4 吨/年）	70.22
林木积累营养物质	N（吨/年）	3290.81
	P（吨/年）	561.51
	K（吨/年）	548.06
净化大气环境	提供负离子（10^{23} 个/年）	8.62
	吸收二氧化硫（吨/年）	5347.08
	吸收氟化物（吨/年）	643.77
	吸收氮氧化物（吨/年）	1245.47
	TSP（10^4 吨/年）	246.22
	$PM_{2.5}$（吨/年）	33.29
	PM_{10}（吨/年）	169.66

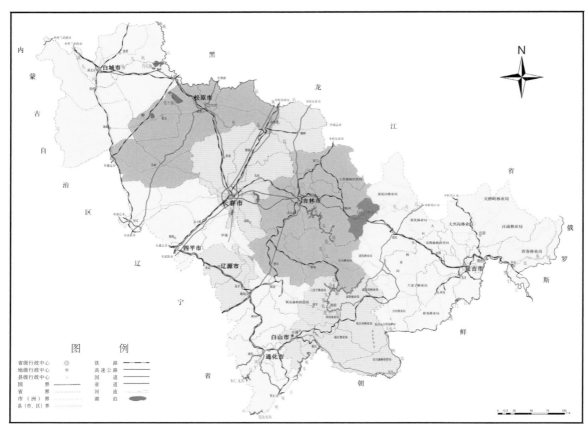

图 3-1 吉林省白石山林业局行政区域位置

岗岩和玄武岩。抗蚀性较弱，易发生土壤侵蚀。据 2015 年天然林资源保护工程《东北、内蒙古重点国有林区效益监测国家报告》显示，白石山林业局所处的监测评估区域属于中温带湿润针阔混交林轻度水蚀区。由分析数据可知，白石山林业局森林生态系统的固土量为 319.95 万吨 / 年，占吉林市固土量（6404.10 万吨 / 年）的 5%，占天然林资源保护工程（简称"天保工程"）实施后吉林省保护经营局固土量（1860.48 万吨 / 年）的 17.20%。减少氮、磷、钾及有机质流失的总量为 26.20 万吨 / 年，占吉林市的（3.28%），占吉林省保护经营局（127.38万吨 / 年）天保实施后的 20.57%，可见白石山林业局森林生态系统的固土功能对于该区域固持土壤避免土壤崩塌泄流、减少土壤肥力损失、保障人民生产生活安全等意义重大。

白石山林业局森林覆盖率较高，活立木蓄积量大，是重要的碳汇区，在吸收二氧化碳方面具有重要作用。因此，在应对气候变化中发挥着特殊作用。经查阅《2013 年吉林省发展报告》得知吉林省能源的消费总量是 9606 万吨标准煤，经碳排放转换系数（国家发展和改革委员会能源研究所，2003）换算吉林省 2013 年碳排放量为 7182.45 万吨。由表 3-1 可知，白石山林业局森林生态系统固碳量为 29.41 万吨 / 年，释氧量为 70.22 万吨 / 年，则相当于吸收了 2013 年吉林省碳排放量的 0.41%；占吉林市（688.8 万吨 / 年）与吉林省保护经营局

(89.88万吨/年)天保实施后的固碳量分别为4.27%和33.05%，占吉林市(1648.21万吨/年)与吉林省保护经营局(226.78万吨/年)天保实施后的释氧量分别为4.26%和30.98%。可见，与工业减排相比，森林固碳投资少、代价低、综合效益大，更具经济可行性和现实操作性。因此，通过森林吸收、固定二氧化碳是实现减排目标的有效途径。

近年来，吉林省部分城市大气出现不同程度污染，据省环境保护厅专家通过对环境监测数据和有关气象数据的分析，出现污染天气的主要成因有：①气候骤冷形成的"逆温"、"静风"气象条件是造成当前污染的客观因素；②冬季燃煤供暖是影响空气质量的根本原因；③机动车排气污染是影响空气质量的重要原因；④吉林省当前的秸秆资源化利用率仍然偏低，秋末冬初时节，城市周边存在秸秆焚烧的现象，产生了大量烟尘，一定程度上加剧了大气质量的恶化。从地域空间上，长春、吉林、四平等城市密集区出现污染严重。

森林生态系统的净化环境功能是指生态系统中的生物类群通过物理、化学和代谢作用将环境中污染物利用或与之发生作用后使之降解或消失，最终达到净化环境的过程。《2013年吉林省发展报告》显示，吉林省工业二氧化硫排放量为38.15万吨、氮氧化物排放量为56.05万吨。经查阅相关文献可知，自21世纪以来吉林省雾霾事件发生次数明显减少，但由于气候变化背景下异常天气气候事件频繁出现，2015年春季全省共出现雾霾1029次，自新中国成立以来同期多雾霾的第一位，多个市（县）雾霾日数均在50天以上，前郭最多，为76天。而吉林市作为吉林省碳库功能发挥较大的地区，其中，白石山林业局森林生态系统滞尘246.24万吨/年，吸收二氧化硫为5347.08吨/年，吸收氟化氢为643.77吨/年，吸收氮氧化物为1245.47吨/年，分别相当于2013年吉林省工业二氧化硫排放量的1.4%、工业氮氧化物排放量的0.22%。由此可见，白石山林业局森林生态系统在吸收大气污染物、净化大气环境等方面作用明显。

二、白石山林业局不同起源森林生态系统物质量

天然林作为自然界中结构最复杂、功能最完备的陆地生态系统，是我国森林资源的主体，在应对气候变化、保护生物多样性、维护生态平衡中发挥着关键作用。人工林是恢复和重建的森林生态系统，在提供林木产品、改善生态环境等方面发挥着越来越大的作用。培育人工林资源，是保护天然林资源、缓解木材供给压力、改善人居环境、促进产业结构调整和农民就业增收的有效途径。

由白石山林业局的森林资源调查数据可知，天然林的林分面积与人工林的林分面积差异较大，约是人工林面积的5倍。由表3-2可知，白石山林业局天然林的生态系统服务各项指标均显著高于人工林，在水源涵养方面的主要原因有：一是通过增加地上部分的地表粗糙程度以增加径流的入渗时间。天保工程的实施杜绝了人为对天然林大面积的砍伐和破坏，从而保证天然林在自然生长状态下保持着较厚的林下覆盖枯落物层，同时，对之前已被砍

伐过的天然林地由于天保工程采取有效措施促进了天然林的更新和生长，这些因素都极大地增加了天然林的地表粗糙度，延长了径流的入渗时间，增加了入渗量。二是通过地下部分改善土壤的理化性质以增加径流的入渗强度，最终实现对水源的涵养；在保育土壤方面，天然林的保肥能力与土壤侵蚀量的大小和土壤中的营养物质含量密切相关。在水热条件好、植被覆盖度高的区域，土壤中的有机质含量也更高，在固持相同土壤量的情况下，能够避免更多的土壤流失；在固碳释氧方面，水热条件是影响森林固碳能力的重要因素，一般水热条件适合的地方，森林生长较快，固碳能力增加。此外，森林的面积变化也直接影响到陆地生态系统生物固碳能力（王校科等，2001）；在积累营养物质方面，林木积累营养物质与林分的净生产力密切相关，白石山林业局的天然林分净生产力大部分高于人工林，所以天然林与人工林的净初级生产力的差异是引起林木积累营养物质差异的主要原因；在净化大气环境方面，主要与树种相关，有关研究表明，针叶树种具有较厚的表皮蜡质层，在积累颗粒物方面比阔叶树种具有更好的效果（Beckett 等，1998）。白石山林业局天然林的针叶林面积较人工林高，所以其净化大气环境各功能显著高于人工林。

综上所述，天然林的森林生态系统服务功能作用在白石山林业局森林生态系统服务功能中占据主导地位。本次评估白石山林业局不同起源森林生态系统服务物质量评估结果如表 3-2 所示。

三、白石山林业局不同林龄森林生态系统服务物质量评价结果

白石山林业局不同林龄涵养水源能力中，成熟林调节水量 0.96 亿立方米最高，这与2014 年对露水河林业局不同林龄的涵养水源物质量的评估结果一致（董秀凯等，2014）。中龄林、近熟林次之，过熟林最低。这主要与各林龄树种蒸散量、面积相关，过熟林的蒸散量高于其他林龄，且面积较小。

在保育土壤能力上，近熟林无论是在固土能力还是保肥能力中均最高，成熟林次之，过熟林最低。这是由于近熟林林分面积较大，其林冠层对大气降水和枯落物层透水性能和蓄水性能力较强，枯落物层更有利于增加土壤的营养元素和有机质。

在固碳释氧能力上，成熟林的固碳释氧能力最强，近熟林次之，过熟林最低。这说明固碳释氧能力与林分净生产力显著相关。不同林龄，林分净生产力不同，成熟林的林分净生产力显著高于其他林龄，因此成熟林的固碳释氧能力最高。

森林的林木积累营养物质与林分面积、林分净生产力等因素有关，所以在林木积累营养物质能力上，成熟林保持氮、磷、钾元素最高，近熟林次之，过熟林最低。

在净化大气环境能力上，成熟林提供负离子、吸附污染物二氧化硫、氟化氢、氮氧化物、滞尘最多，近熟林次之，幼龄林最低。不同林龄净化大气环境的物质量，随着龄林的增大，净化大气环境各项指标呈逐步增强趋势。

表 3-2 白石山林业局不同起源森林生态系统服务物质量

起源	调节水量 (10^8 立方米)	保育土壤 (10^4吨/年)					固碳释氧 (10^4吨/年)		林木积累营养物质 (吨/年)			净化大气环境						
		固土	固氮	固磷	固钾	固有机质	固碳	释氧	氮	磷	钾	提供负离子 (10^22个/年)	吸附二氧化硫 (吨/年)	吸附氟化物 (吨/年)	吸附氮氧化物 (吨/年)	滞尘量 TSP (10^4吨/年)	滞纳 PM$_{2.5}$ (吨/年)	滞纳 PM$_{10}$ (吨/年)
天然林	2.61	274.55	1.54	0.23	5.70	15.44	24.87	59.49	2891.80	502.85	484.20	78.90	4770.21	555.06	1081.31	214.82	25.03	118.98
人工林	0.44	45.39	0.14	0.04	0.91	2.20	4.55	10.73	399.01	58.66	63.86	7.28	576.87	88.70	164.16	31.40	8.27	50.68

表 3-3 白石山林业局不同林龄森林生态系统服务物质量

林龄	调节水量 (10^8 立方米)	保育土壤 (10^4吨/年)					固碳释氧 (10^4吨/年)		林木积累营养物质 (吨/年)			净化大气环境						
		固土	固氮	固磷	固钾	固有机质	固碳	释氧	氮	磷	钾	提供负离子 (10^22个/年)	吸附二氧化硫 (吨/年)	吸附氟化物 (吨/年)	吸附氮氧化物 (吨/年)	滞尘量 TSP (10^4吨/年)	滞纳 PM$_{2.5}$ (吨/年)	滞纳 PM$_{10}$ (吨/年)
幼龄林	0.25	26.90	0.12	0.02	0.56	1.46	4.38	10.55	462.85	74.64	78.19	4.38	401.23	50.59	99.13	45.97	3.03	26.29
中龄林	0.68	73.65	0.40	0.06	1.35	4.28	4.83	10.73	459.93	72.74	75.20	13.40	1146.76	143.27	275.07	79.32	8.06	46.75
近熟林	0.96	103.94	0.53	0.10	2.31	5.30	6.49	14.75	691.40	118.61	114.40	25.20	1706.13	202.26	394.02	94.57	10.23	48.09
成熟林	0.97	97.07	0.51	0.06	2.08	5.34	12.86	32.28	1585.15	279.58	264.82	36.10	1739.72	205.18	397.46	78.07	9.93	40.97
过熟林	0.20	18.38	0.11	0.02	0.32	1.25	0.86	1.92	91.43	15.94	15.44	7.09	353.20	42.45	79.78	14.18	2.05	7.57

第二节　白石山林业局各林场森林生态系统服务物质量评估结果

　　白石山林业局下辖 8 个林场，本评估按照各林场的森林资源数据，根据公式评估出其各林场森林生态系统服务的物质量。

　　白石山林业局各林场的森林生态系统服务物质量如表 3-4 所示，各项森林生态系统服务物质量在各林场间的空间分布格局见图 3-1 至图 3-18。

一、调节水量

　　森林植被与水文过程有着重要的生态效应，主要表现在森林植被和土壤具有截留贮存吸收降水、蒸腾、抑制蒸发、净化水质、调节径流等功能。因此，森林生态系统被誉为"天然绿色水库"，对调节生态平衡具有重要的不可替代的作用。

　　吉林省境内由于地形与气候的差异，由东至西部地区，森林资源分布差异较大，白石山林业局地处吉林市境内，属于东部山区，降雨量较丰富。

　　由表 3-4 和图 3-2 可知，白石山林业局森林生态系统调节水量变化趋势由南向北逐渐增

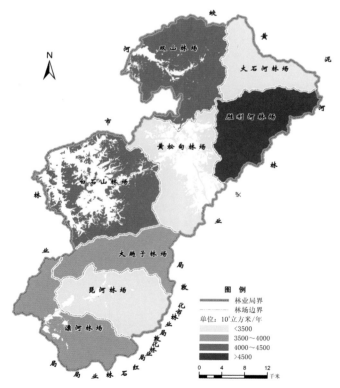

图 3-2　白石山林业局各林场森林生态系统调节水量分布

表 3-4　白石山林业局各林场森林生态系统服务功能物质量

林场	调节水量 (10^8立方米)	保育土壤 (10^4吨/年)					固碳释氧 (10^4吨/年)		林木积累营养物质 (吨/年)			净化大气环境						
		固土	固氮	固磷	固钾	固有机质	固碳	释氧	氮	磷	钾	提供负离子 (10^23个/年)	吸附二氧化硫 (吨/年)	吸附氟化物 (吨/年)	吸附氮氧化物 (吨/年)	滞尘量 TSP (10^4吨/年)	滞纳PM_{2.5} (吨/年)	滞纳PM_{10} (吨/年)
双山	0.42	45.95	0.25	0.04	0.98	2.55	5.18	12.47	600.01	103.02	101.04	1.22	780.37	90.16	173.95	34.62	3.97	23.92
大石河	0.31	32.42	0.14	0.03	0.67	1.64	3.01	7.23	324.30	54.40	54.30	0.79	503.52	65.16	120.74	23.94	4.18	20.19
胜利河	0.46	48.06	0.23	0.04	0.97	2.57	3.89	9.18	410.19	69.07	67.78	1.15	751.61	96.54	183.59	35.82	5.90	28.99
黄松甸	0.33	35.95	0.19	0.03	0.74	1.94	3.06	7.28	345.62	59.28	56.88	0.93	579.39	70.56	135.24	26.74	3.46	18.60
白石山	0.44	45.80	0.24	0.04	0.98	2.48	4.16	9.98	476.69	81.90	78.51	1.37	792.20	92.96	183.02	35.50	4.66	23.33
大趟子	0.39	36.10	0.19	0.03	0.76	2.02	3.50	8.47	400.58	69.29	66.66	1.25	684.29	81.15	159.18	31.56	3.97	16.30
琵河	0.34	36.39	0.21	0.03	0.71	2.20	3.07	7.16	331.99	55.55	55.73	0.84	601.06	70.14	138.82	27.93	3.36	19.00
漂河	0.37	39.28	0.22	0.03	0.81	2.25	3.54	8.45	401.43	69.00	67.16	1.07	654.64	77.10	150.92	30.12	3.79	19.32
合计	3.06	319.95	1.67	0.27	6.62	17.65	29.41	70.22	3290.81	561.51	548.06	8.62	5347.08	643.77	1245.46	246.23	33.29	169.66

多。其中，调节水量最高的 3 个林场为胜利河林场 0.46 亿立方米 / 年、白石山林场 0.44 亿立方米 / 年、双山林场 0.42 亿立方米 / 年，占白石山林业局森林生态系统调节水量总量的 38.87%。由于大趟子林场、漂河林场的地势较高，其快速径流量较高，不利于其森林生态系统涵养水源，所以最低的三个林场依次为大石河林场、黄松甸林场、琵河林场。但各林场间调节水量差异相对较小，说明各林场的森林生态系统能够有效地延缓径流产生的时间，增加了入渗量。这主要通过地下部分改善土壤的理化性质以增加径流的入渗强度，最终实现对水源的涵养。同样从 2014 年露水河林业局不同林场涵养水源的物质量评估结果可知，以平地为主、快速径流量较小的东升、红光的涵养水源物质量较高（董秀凯等，2014）。据相关研究表明，森林土壤中众多的大孔隙由植物根系在生长过程中及死亡腐烂后形成，然后使得地表径流在土壤中可以快速转移，从而加快了土壤的入渗速率。另一方面，各林场的森林生态系统又有效的将高强度的降雨截留，极大程度地降低了地质灾害发生的可能，增加了水资源的有效利用效率，对人们生命财产安全和农田产量起到了重要的保护作用。

二、保育土壤

保育土壤除了与各林场的主要森林面积相关外，还与林地所在的地形地貌、土壤类型等因子密切相关。白石山林业局的地势北部高差小、北部高差小，坡度较缓，地势开阔，地形多为台地和鸡爪埠地，其中，各林场的保育土壤物质量较高的双山林场、白石山林场地势均较为平坦。与露水河林业局的评估结果比较可知，露水河林业局保育土壤物质量较高的新兴林场，黎明林场等，几乎都为山地。白石山林业局水土流失发育状况及分布规律：山区、沼泽地带水土流失程度低，而山前地带、台地、高平原水土流失严重。由于人为和自然等综合因素造成的水土流失导致土质严重退化、水库河道淤积、环境恶化，进而遏制了该地区社会经济的发展。森林生态系统土壤形成与保持功能主要表现在森林植被根系具有固定土壤结构、保持土壤肥力等。同时，通过活地被物和凋落层截留降水，降低雨水对森林土壤的冲击及地表径流的侵蚀作用。这些作用防止水土流失，保护了土壤结构的稳定。白石山林业局各林场的森林覆盖率高、水热条件好，经计算得知，各林场的土壤中的有机质含量均很高，其固土量结果与调节水量基本一致，各林场能够避免更多的土壤流失，为本区域社会经济发展提供了重要保障。

白石山林业局所处区域最高海拔高 1283.6 米，最低处海拔高 320 米，地质条件复杂，气候条件多变，地质灾害多发，江河侧蚀较严重，突发性地质灾害以崩塌、滑坡、泥石流、地面塌陷、塌岸等为主，严重威胁着人民群众生命和财产安全。大量研究表明，森林植被根系与土壤密不可分，土壤与植物及其凋落物进行着密切的物质能量交换，因此土壤作用于植物，使其根系的分布范围及深度得到广泛扩大，从而增加了森林生态系统对土壤的固持能力。同时，森林植被的生长加速了生态系统中养分循环和土壤微生物的能力，有利于

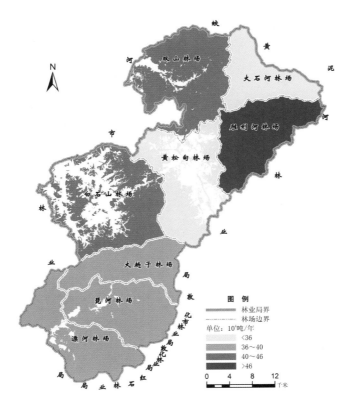

图 3-3   白石山林业局各林场森林生态系统固土量分布

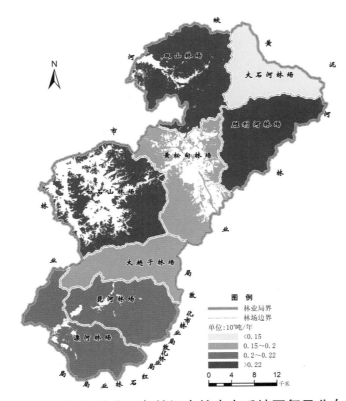

图 3-4   白石山林业局各林场森林生态系统固氮量分布

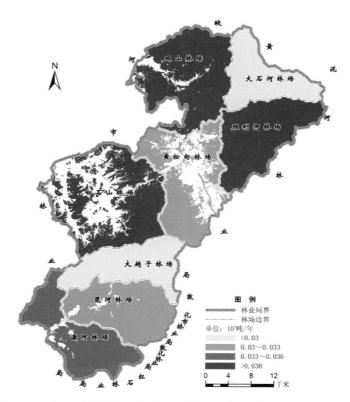

图 3-5　白石山林业局各林场森林生态系统固磷量分布

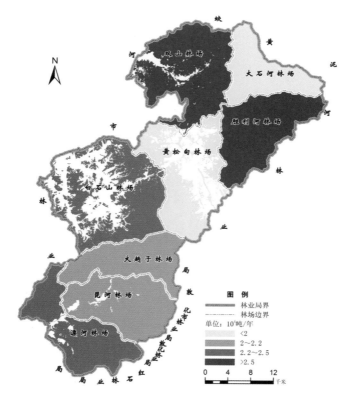

图 3-6　白石山林业局各林场森林生态系统固钾量分布

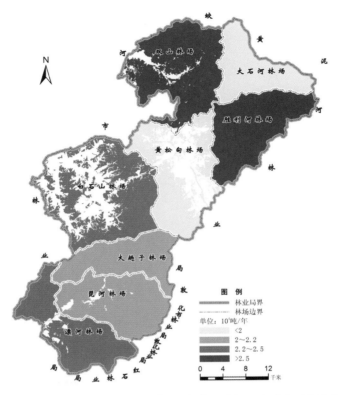

图 3-7　白石山林业局各林场森林生态系统固定有机质量分布

改善土壤结构，增加植物根系和土壤的结合能力，进而更好地发挥了固土保肥功能。从各项指标物质量空间分布图上看，白石山林业局各林场的森林生态系统在一定程度上降低了以滑坡和崩塌为代表的地质灾害发生的可能（图 3-3 至图 3-7）。

三、固碳释氧

森林生态系统作为陆地生态系统中最大的碳储库，具有固持二氧化碳、释放氧气的重要生态服务功能。白石山林业局作为吉林省东部山区森林生物量集中分布的地区之一，其固碳释氧量直接受森林面积与林种、林龄等影响。因此，各林场的固碳释氧能力也存在较明显不同。由表 3-1 可知，白石山林业局固碳量最高的 3 个林场为双山林场 5.18 万吨 / 年、白石山林场 4.16 万吨 / 年、胜利河林场 3.89 万吨 / 年，占全局总量的 44.98%。最低的 3 个林场为大石河林场、黄松甸林场、琵河林场，其固碳量分别为 3.01 万吨 / 年、3.06 万吨 / 年、3.07 万吨 / 年。

各林场森林生态系统的释氧量分布规律与固碳量一致（图 3-8 和图 3-9），最高的 3 个林场为双山林场 12.48 万吨 / 年、白石山林场 9.98 万吨 / 年、胜利河林场 9.18 万吨 / 年，占全局释氧量 45.04%。最低的 3 个林场为琵河林场、大石河林场、黄松甸林场，占全局总量 30.86%（表 3-4）。

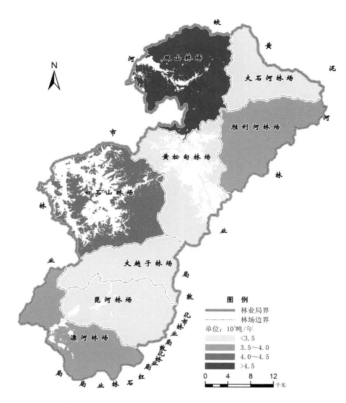

图 3-8　白石山林业局各林场森林生态系统固碳量分布

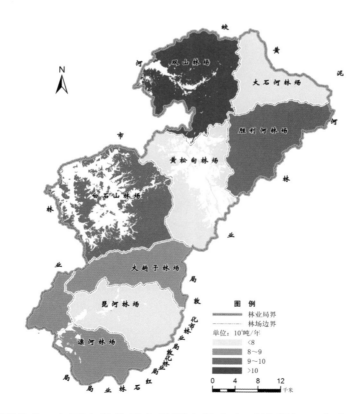

图 3-9　白石山林业局各林场森林生态系统释氧量分布

　　另外，各林场应该改变现有的人工林经营管理措施，基于近自然经营管理的思路，重新制定人工林经营管理模式，逐步提高其固碳能力。双山林场的森林生态系统固碳量高，即表明本区域内森林生态系统净初级生产力较大。

四、林木积累营养物质

　　森林植被通过大气、土壤和降水吸收氮、磷、钾等营养物质并贮存在体内各器官，其林木积累营养物质功能对降低下游水源污染及水体富营养化具有重要作用。而林木积累营养物质与林分的净初级生产力密切相关，林分的净初级生产力与地区水热条件也存在显著相关，但是白石山林业局各林场的水热条件差异较小，因此各林场的林木积累营养物质差异较小。

　　从分布图 3-10 至图 3-12 看，各林场的林木积累营养物质具有一定的规律性。由表 3-4 可知，双山林场的林木含氮、磷、钾量最高，白石山林场林木的氮磷钾位居第二，胜利河林场林木的含氮量、含钾量与大趟子林场林木的含磷量居第三位。大石河林场的林木氮磷钾含量最低。

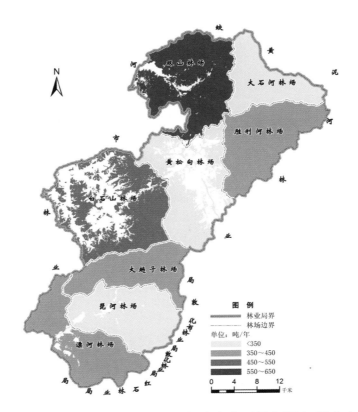

图 3-10　白石山林业局各林场森林生态系统积累氮量分布

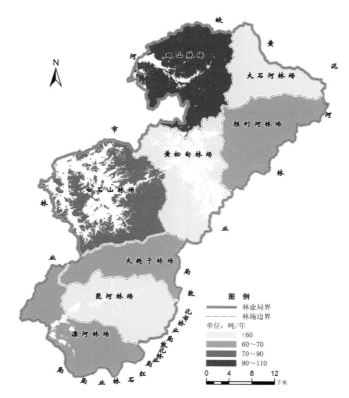

图 3-11　白石山林业局各林场森林生态系统积累磷量分布

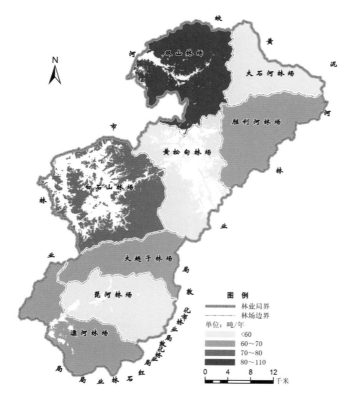

图 3-12　白石山林业局各林场森林生态系统积累钾量分布

五、净化大气环境

空气负离子是一种重要的无形旅游资源，具有杀菌、降尘、清洁空气的功效，被誉为"空气维生素与生长素"，对人体健康十分有益，能改善肺器官功能，增加肺部吸氧量，促进人体新陈代谢，激活肌体多种酶和改善睡眠，提高人体免疫力、抗病能力。随着森林生态旅游的兴起及人们保健意识的增强，空气负离子作为一种重要的森林旅游资源已越来越受到人们的重视，有关空气负离子的研究就成为众多学者的研究内容。森林环境中的空气负离子浓度高于城市居民区的空气负离子浓度，人们到森林游憩区旅游的重要目的之一是呼吸清新的空气。甚至，很多景区和森林公园的负离子达到天然氧吧的标准，这是由于其植被丰富，森林植被覆盖率高，水文条件良好。从评估结果中可以看出，白石山林业局森林生态系统产生负离子量较多，是吉林省高质量的旅游资源。

氮氧化物是大气污染的重要组成成分，它会破坏臭氧层，从而改变紫外线到达地面的强度。另外，氮氧化物还是产生酸雨的重要来源，酸雨对生态环境的影响已经广为人知。白石山林业局森林生态系统吸收氮氧化物功能可以减少空气中的氮氧化物含量，降低了酸雨发生的可能性。

二氧化硫是城市的主要污染物之一，对人体健康以及动植物生长危害比较严重。同时，硫元素还是树木体氨基酸的组成成分，也是树木所需要的营养元素之一，所以树木中都含有一定量的硫，在正常情况下树体中的硫含量为干重的 0.1% ~ 0.3%。当空气被二氧化硫污染时，树木体内的含量为正常含量的 5 ~ 10 倍。

森林生态系统被誉为"大自然总调度室"，因其一方面森林中乔木体型高大，枝叶茂盛，对大气的污染物如二氧化硫、氟化物、氮氧化物、粉尘、重金属具有很好的阻滞、过滤、吸附和分解作用，并提供负离子等物质；另一方面，树叶表面粗糙不平、通过绒毛、油脂或其他黏性物质可以吸附部分沉降，最终完成净化大气环境的过程，为改善人们生活生态环境、保证社会经济健康发展正日益凸显巨大作用。

从分布图上看各项指标分布具有一定规律（图 3-13 至图 3-19）。产生负离子最高的 3 个林场为白石山林场、大趟子林场、双山林场，占全局森林生态系统提供负离子总量 44.66%。吸收污染物量最高的 3 个林场为胜利河林场 35.92 吨 / 年、白石山林场 35.61 吨 / 年、双山林场 34.72 吨 / 年，占全局森林生态系统吸收污染物总量的 43.02%（表 3-4）。据《2014 年吉林省环境状况公报》显示：2014 年，吉林省各城市空气中二氧化硫年均浓度为 0.031 毫克 / 立方米，比上年下降 3.1 个百分点；二氧化氮年均浓度为 0.030 毫克 / 立方米，比上年下降 9.1 个百分点；可吸入颗粒物年均浓度为 0.080 毫克 / 立方米，均达到二级标准。白石山林业局森林生态系统吸收二氧化硫量加上工业消减量，对维护白石山地区乃至吉林省空气环境质量起到了非常重要的作用。此外，还可以增加当地居民的旅游收入，进一步调整区域内

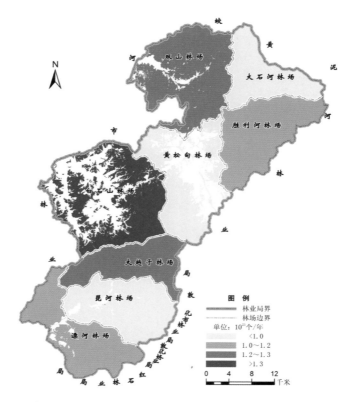

图 3-13　白石山林业局各林场森林生态系统提供负离子量分布

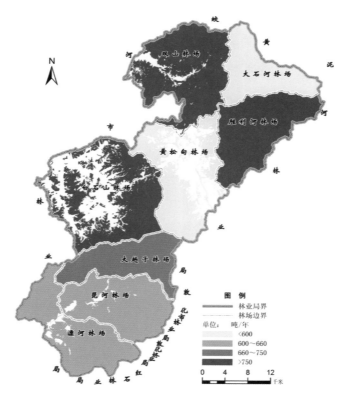

图 3-14　白石山林业局各林场森林生态系统吸收二氧化硫量分布

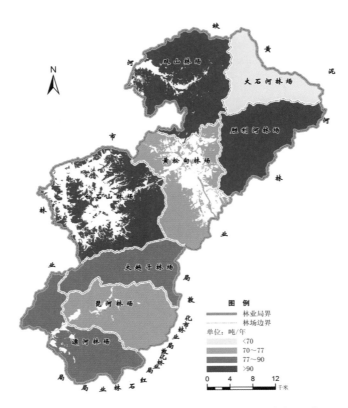

图 3-15　白石山林业局各林场森林生态系统吸收氟化物量分布

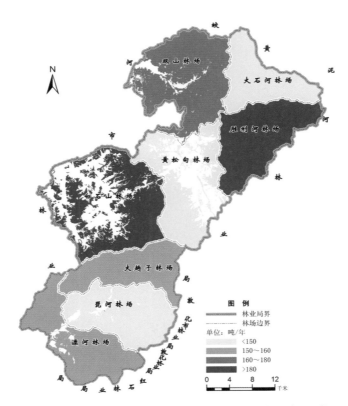

图 3-16　白石山林业局各林场森林生态系统吸收氮氧化物量分布

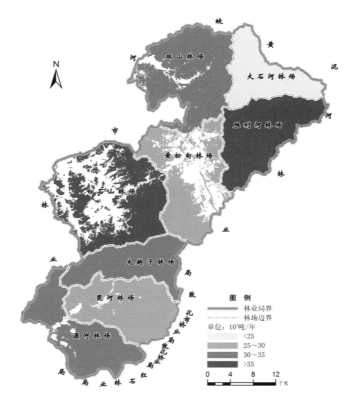

图 3-17　白石山林业局各林场森林生态系统滞纳 TSP 量分布

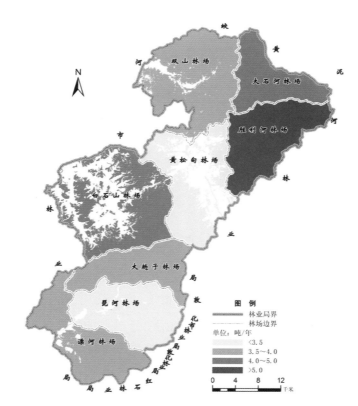

图 3-18　白石山林业局各林场森林生态系统滞纳 PM$_{2.5}$ 量分布

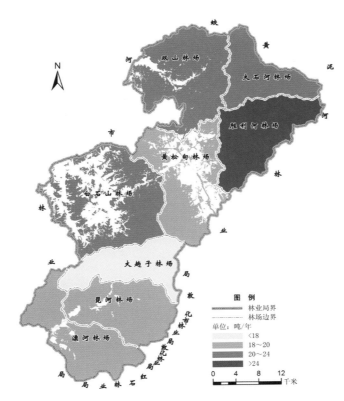

图 3-19　白石山林业局各林场森林生态系统滞纳 PM_{10} 量分布

的经济发展模式，提高第三产业经济总量，提高人们保护生态环境的意识，形成一种良性的经济循环模式。

从以上评估结果分析中可知，白石山森林生态系统各项服务的空间分布格局基本呈现东部大于其他地区。究其原因，主要分为以下几部分：

第一，与森林分布面积有关。从各项服务的评估公式可知，森林面积是生态系统服务强弱的最直接影响因子。白石山林业局的各林场，由于人为干扰程度低，其森林资源受到的破坏程度较低。同时，该区生物多样性较高，其区域内森林资源丰富，类型多样，因此，其各项森林生态系统服务较强。

第二，与森林质量有关，也就是与生物量有直接的关系（图 3-23）。由于蓄积量与生物量存在一定关系，则蓄积量也可以代表森林质量。由森林资源数据可以得出，白石山林业局林分蓄积量的空间分布大致上表现为南部天然林山区最大，其次是中东部地区，随后为中西部人工林分布较多地区。有研究表明：生物量的高生长也会带动其他森林生态系统服务功能项的增强。生态系统的单位面积生态功能的大小与该生态系统的生物量有密切关系（Feng et al.，2008）。一般来说，生物量越大，生态系统功能越强（Fang et al.，2001）。优势树种（组）大量研究结果印证了随着森林蓄积量的增长，涵养水源功能逐渐增强的结论，主要表现在林冠截留、枯落物蓄水、土壤层蓄水和土壤入渗等方面的提升（Tekiehaimanot，1991）。但是，随着林分蓄积量的增长，林冠结构、枯落物厚度和土壤结构将达到一个相对稳定的状态，此时的涵养水源能力应该也处于一个相对稳定的最高值。森林生态系统涵养水源功能较强时，其固土功能也必然较高，其与林分蓄积量也存在较大的关系。林分蓄积量的增加即为生物量的增加，根据森林生态系统固碳功能评估公式（公式1-15）可以知，生物量的增加即为植被固碳量的增加。另外，土壤固碳量也是影响森林生态系统固碳量的主要原因，地球陆地生态系统碳库的70%左右被封存在土壤中，Post等（1982）研究表明，在特定的生物、气候带中，随着地上植被的生长，土壤碳库及碳形态将会达到稳定状态。也即在地表植被覆盖不发生剧烈变化的情况下，土壤碳库是相对稳定的。随着林龄的增长，蓄积量的增加，森林植被单位面积固碳潜力逐步提升（魏文俊，2014）。

第三，与林龄结构组成有关。森林生态系统服务是在林木生长过程中产生的，林木的高生长也会对生态系统服务带来正面的影响（宋庆丰等，2015）。林木生长的快慢反映在净初级生产力上，影响净初级生产力的因素包括：林分因子、气候因子、土壤因子和地形因子，它们对净初级生产力的贡献率不同，分别为56.7%、16.5%、2.4%和24.4%。同时，林分自身的作用是对净初级生产力的变化影响较大，其中林分年龄最明显，中林龄和近熟林有绝对的优势。从白石山林业局森林资源数据中可以看出，中龄林和近熟林面积和蓄积量的空间分布格局与其生态系统服务的空间分布格局一致。有研究表明，林分蓄积量随着林龄的增加而增加。

林分年龄与其单位面积水源涵养效益呈正相关性，随着林分年龄的不断增长，这种效益的增长速度逐渐变缓。本研究结果证实了以上现象的存在。随着林龄的增长，林冠面积不断增大，这也就代表森林覆盖率的增加，土壤侵蚀量接近于零时的森林覆盖率高于95%，随着植被的不断生长，其根系逐渐在土壤表层集中，增加了土壤的抗侵蚀能力。但是，森林生态系统的保育土壤功能不可能随着森林的持续增长和林分蓄积量的逐渐增加而持续增长，土壤养分随着地表径流的流失与乔木层及其根、冠生物量呈现幂函数变化曲线的结果，其转折点基本在中龄林与近熟林之间。这主要是因为由于森林生产力存在最大值现象，其会随着林龄的增长而降低（Gower et al，1996；Murty和Murtrie，2000；Song和Woodcock，2003），年蓄积量生产量/蓄积量与年净初级生产力（NPP）存在函数关系，随着年蓄积量生产量/蓄积量的增加，生产力逐渐降低。

第四，与林分起源有关。天然林是生物圈中功能最完备的动植物群落，其结构复杂、功能完善、生态稳定性高。人工林和天然林群落结构与物种多样性方面存在着巨大差异，天然林的群落层次比人工林复杂，物种多样性比人工林丰富。在区域尺度上，天然林具有不可替代的生态保障功能，是我国整体生态环境建设的重点保护对象。同时，天然林的生产力高于人工林，一方面是天然林具有复杂的树种组成和层次结构，另一方面是因为天然林中树种的基因型丰富，对环境和竞争具有不同的响应（Perry，2010）。另外，人工林土壤结构质量远不如天然林土壤，天然林土壤的持水量和抗侵蚀率远高于人工林。所以，天然林在生产功能和生态功能的持续发挥等方面具有单一人工林无法比拟的优越性。由白石山林业局森林资源数据可知，白石山林业局的天然林资源大多分布在东部、西南部山区，中部地区所占比重较低，其对白石山林业局森林生态系统服务空间分布格局产生一定影响。

第五，与林种结构组成有关。林种结构的组成一定程度上反映了某一区域在林业规划中所承担的林业建设任务。比如，当某一区域分布着大面积的防护林时，这就说明这一区域林业建设侧重的是防护功能。当某一特定区域由于地形、地貌等原因，容易发生水土流失时，那么构建的防护林体系一定是水土保持林，主要起到固持水土的功能；当某一特定区域位于大江大河的水源地或者重要水库的水源地时，那么构建的防护林体系一定是水源涵养林，主要起水源涵养和调洪蓄洪的功能。从白石山林业局森林资源数据可以得出，白石山林业局的涵养水源林树种组成存在差异，导致了白石山林业局森林生态系统服务功能呈现目前的空间格局。

第三节　白石山林业局不同优势树种（组）森林生态系统服务物质量评估结果

根据白石山林业局森林资源二类调查数据，各林分类型（包括优势树种、起源、龄组等因素）按面积大小排序，从大到小选取约占全局森林面积的95%以上的林分类型，作为相对均质化的生态效益评估单元，可知优势树种（组）在白石山林业局各林场的分布格局，具体分布状况如表3-5所示。为了计算说明方便，本评估将部分优势树种（组）进行了合并处理。需要说明的是，以下文中所提到的灌木林均指国家特别规定灌木林。

本研究根据森林生态系统服务功能公式，并基于白石山林业局2015年的森林资源二类调查数据，评估了不同优势树种（组）生态系统服务的物质量。各优势树种（组）的固碳量和固碳价值按照林业行业标准《森林生态系统服务功能评估规范》（LY/T1721-2008）计算出各优势树种（组）潜在固碳量，未减去由于森林采伐消耗造成的碳损失量。

按照不用优势树种（组）评估的森林生态系统服务物质量结果见表3-6。

不同优势树种（组）间各项生态系统分布格局如图3-20至图3-37所示。

表 3-5 各林场优势树种（组）的分布状况

林场	优势树种（组）
双山	阔叶混交林、针阔混交林、杨树林、落叶松林、云杉林、桦类、柞树林、红松林、樟子松林、胡桃楸林、水曲柳林、灌木林
大石河	阔叶混交林、针阔混交林、落叶松林、杨树林、柞树林、云杉林、桦类、樟子松林、红松林、胡桃楸林、灌木林、水曲柳林
胜利河	阔叶混交林、针阔混交林、落叶松林、桦类、杨树林、云杉林、柞树林、樟子松林、红松林、胡桃楸林、水曲柳林、灌木林
黄松甸	阔叶混交林、针阔混交林、桦类、落叶松林、樟子松林、红松林、云杉林、灌木林、杨树林、水曲柳林
白石山	阔叶混交林、针阔混交林、落叶松林、樟子松林、柞树林、云杉林、杨树林、红松林、灌木林、胡桃楸林、桦类
大趟子	阔叶混交林、针阔混交林、落叶松林、云杉林、红松林、胡桃楸林、杨树林、樟子松林、桦类、水曲柳林
琵河	阔叶混交林、针阔混交林、胡桃楸林、红松林、落叶松林、云杉林、杨树林、柞树林、樟子松林、桦类、水曲柳林
漂河	阔叶混交林、针阔混交林、落叶松林、红松林、柞树林、杨树林、云杉林、樟子松林、胡桃楸林、桦类、水曲柳林、灌木林

一、涵养水源

森林是拦截降水的天然水库，具有强大的蓄水作用。其复杂的立体结构不但对降水进行再分配，还可以减弱降水对土壤的侵蚀，并且随森林类型和降雨量的变化，树冠拦截的降雨量也不同。树冠截留量的大小取决于降雨量和降雨强度，并与林分组成、林龄、郁闭度等相关。经计算可知白石山林业局调节水量最高的 3 种优势树种（组）为阔叶混交林、针阔混交林、落叶松林，占全局森林生态系统调节水量总量的 93.02%。调节水量最低的 3 种优势树种（组）为胡桃楸林、水曲柳林、灌木林，占全局森林生态系统调节水量总量的 0.60%（表 3-6 和图 3-20）。从森林资源数据中可以看出，阔叶混交林、针阔混交林、落叶松林、杨树林在全局各个林场均有广泛分布，占全局优势树种（组）资源面积的 93.56%。胡桃楸林、灌木林、水曲柳林 3 种林型的资源面积占全局森林总面积 0.74%。这表明不同森林类型对降雨的分配具有不一致性，阔叶混交林、针阔混交林、落叶松林的生态系统对调节水量具有非常重要意义。同时，林下灌木草本和凋落物也是森林生态系统的重要组成部分，其不仅对森林资源的保护和永续利用起着重大作用，而且还对涵养水源和水土保持具有重要意义。

表3-6　白石山林业局不同优势树种（组）生态系统服务物质量评估结果

优势树种（组）	调节水量 (10⁴立方米)	保育土壤					固碳释氧 (吨/年)		林木积累营养物质 (吨/年)			净化大气环境				滞尘量		
		固土 (10⁴吨/年)	固氮 (吨/年)	固磷 (吨/年)	固钾 (吨/年)	固有机质 (吨/年)	固碳	释氧	氮	磷	钾	提供负离子 (10²²个/年)	吸附二氧化硫 (吨/年)	吸附氟化氢 (吨/年)	吸附氮氧化物 (吨/年)	滞纳TSP (10⁴吨/年)	滞纳PM$_{2.5}$ (吨/年)	滞纳PM$_{10}$ (吨/年)
阔叶混交林	23048.27	244.03	14708.05	2151.64	50810.69	144320.50	220263.61	527590.24	2600.20	452.71	436.74	7180.00	4347.20	486.47	967.47	189.176	19.37	92.65
针阔混交林	3902.87	38.61	1090.99	257.80	7886.27	15627.25	35177.68	82637.56	341.84	56.13	56.17	871.00	482.80	85.12	144.44	33.916	6.97	43.03
红松林	269.04	2.55	57.80	24.25	529.92	1538.29	3198.81	7730.06	23.48	3.78	3.31	57.00	25.30	4.57	10.27	2.547	0.55	3.37
樟子松林	248.32	2.67	71.38	23.12	564.07	952.50	3289.8	7863.85	49.49	6.27	4.37	19.60	30.15	5.84	9.43	1.216	0.57	4.08
云杉林	196.45	1.98	34.00	15.63	398.58	1027.88	4394.22	10672.06	33.83	5.60	6.48	12.40	22.88	1.92	6.34	2.000	0.24	2.25
杨树林	622.53	5.70	119.30	44.82	1188.19	3033.64	5331.99	12729.38	58.50	7.81	11.89	97.70	138.82	17.33	21.32	5.217	0.34	1.67
桦类	337.82	3.57	60.77	29.86	680.63	941.69	2950.75	6741.58	109.54	16.56	16.37	271.00	155.20	24.00	55.14	5.345	0.17	0.99
落叶松林	1460.13	16.10	510.71	114.48	3099.60	6820.34	14818.44	35148.58	25.47	4.41	4.41	37.70	67.40	10.54	13.47	2.713	3.81	20.96
胡桃楸林	177.00	1.79	43.61	16.40	350.70	687.51	1807.15	4250.16	19.04	2.98	3.03	24.60	27.59	2.35	6.33	1.612	0.01	0.05
柞树林	275.08	2.87	69.34	18.44	623.97	1393.97	2756.66	6553.96	28.29	5.07	5.04	48.80	48.63	5.54	11.02	2.418	1.26	0.61
水曲柳林	6.77	0.069	1.97	0.78	13.60	44.31	118.66	280.12	1.09	0.17	0.24	0.79	1.06	0.09	0.24	0.062	<0.01	<0.01
灌木林	0.23	<0.01	0.05	0.02	0.50	0.70	5.17	9.55	0.03	0.01	0.01	0.0025	0.05	0.01	0.01	0.002	—	—
合计	30544.51	319.95	16767.97	2697.24	66146.72	176388.58	294112.94	702207.10	3290.80	561.50	548.06	8620.59	5347.08	643.78	1245.48	246.22	33.29	169.66

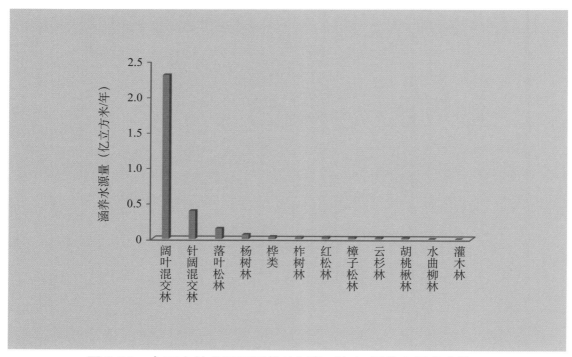

图 3-20   白石山林业局不同优势树种（组）调节水量分布格局

二、保育土壤

目前，土壤侵蚀与水土流失已日益备受人们关注，森林的固土功能是从地表土壤侵蚀程度表现出来。不同森林类型固土能力差异较大。固土量最高的 3 种优势树种（组）为阔叶混交林、针阔混交林、落叶松林，占全局总量的 93.37%。这与 2015 年吉林省森林生态连清与生态系统服务功能评估结果高度一致。阔叶混交林、针阔混交林、落叶松林的固土作用主要体现在防治白石山林业局各地区水土流失方面，对于维护松花江流域的生态安全意义重大，为松花江下游地区社会经济发展提供了重要保障。最低的 3 种优势树种（组）为胡桃楸林、水曲柳林、灌木林，仅占全局总固土量 0.58%（表 3-6、图 3-21）。

土壤侵蚀不仅会带走大量表土以及表土中的大量营养物质，而且也会带走下层土壤中的部分可溶解物质，使土壤理化性质发生退化、土壤肥力降低等。固定土壤养分最高的 3 种优势树种（组）为阔叶混交林、针阔混交林、落叶松林，占全局总量的 94.43%。最低的 3 种优势树种（组）为胡桃楸林、灌木林、水曲柳林，仅占全局总固定养分的 0.44%（表 3-6、图 3-22 至图 3-25）。

在各类森林类型保育土壤能力上，固土能力显著超于保育土壤能力，阔叶混交林的固土保肥能力占具显著优势，这与其土壤物理结构和丰富的枯落物量等方面有很大关系。

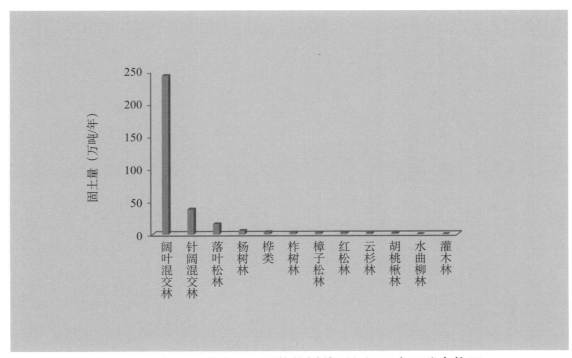

图 3-21　白石山林业局不同优势树种（组）固土量分布格局

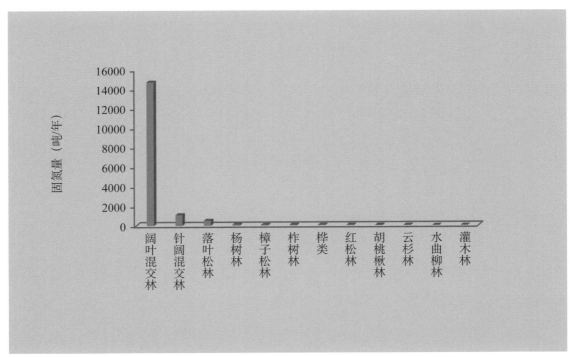

图 3-22　白石山林业局不同优势树种（组）固氮量分布格局

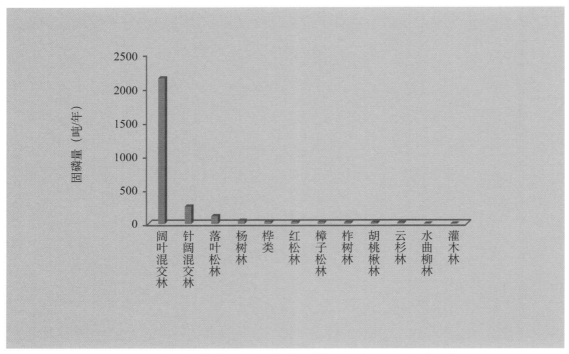

图 3-23　白石山林业局不同优势树种（组）固磷量分布格局

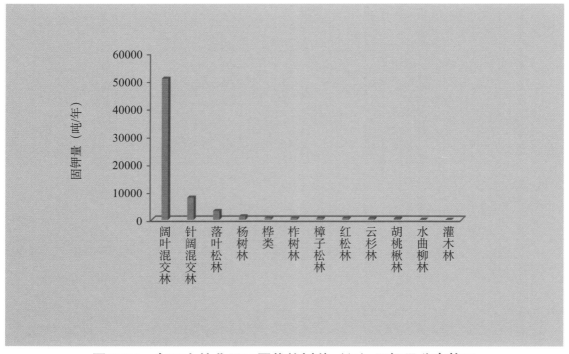

图 3-24　白石山林业局不同优势树种（组）固钾量分布格局

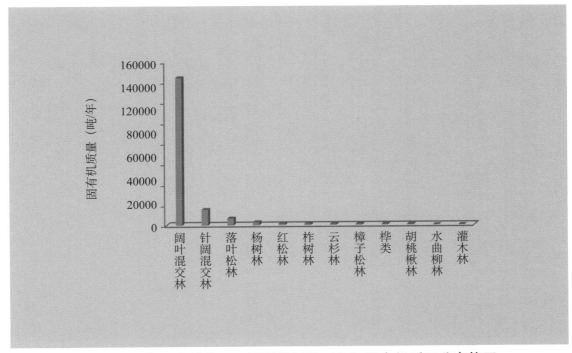

图3-25 白石山林业局不同优势树种（组）固有机质量分布格局

三、固碳释氧

固碳量最高的3种优势树种为阔叶混交林、针阔混交林、落叶松林，占全局总量的91.89%。固碳量最低的3种优势树种（组）为胡桃楸林、水曲柳林、灌木林，仅占全局总碳量的0.66%（表3-6、图3-26）。

释氧量最高的3种优势树种为阔叶混交林、针阔混交林、落叶松林，占全局总量的91.91%。释氧量最低的3种优势树种（组）为胡桃楸林、水曲柳林、灌木林，仅占全局释氧量的0.65%（表3-6、图3-27）。

固碳释氧功能是森林生态系统服务功能的重要指标，目前已有大量研究实例。碳占有机体干重的49%，是重要的生命物质。除海洋生态系统以外，森林对全球碳循环的影响最大。依据评估结果可以看出阔叶混交林、针阔混交林、落叶松林在固碳释氧方面发挥了重要作用。白石山林业局阔叶混交林、针阔混交林、落叶松林的固碳功能不仅对于削减空气中二氧化碳浓度特别重要，还可为吉林省内生态效益科学化补偿以及跨区域的生态效益科学化补偿提供基础数据。

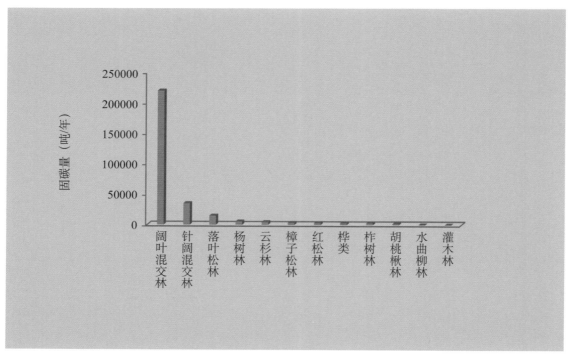

图 3-26　白石山林业局不同优势树种（组）固碳量分布格局

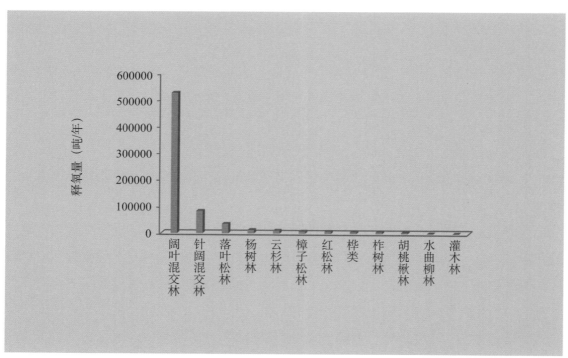

图 3-27　白石山林业局不同优势树种（组）释氧量分布格局

四、林木积累营养物质

计算林木积累营养物质可以在一定程度上反应不同林木、不同森林群落在不同条件、不同区域提供的服务功能价值状况。林木积累营养物质量最高的 3 种优势树种为阔叶混交林、针阔混交林、落叶松林，占全局总量的 92.86%。林木积累营养物质量最低的 3 种优势树种（组）为胡桃楸林、水曲柳林、灌木林，仅占全局总林木积累营养物质量的 0.60%（表 3-6、图 3-28 至图 3-30）。

从白石山林业局不同优势树种林木积累营养物质的结果可以看出，阔叶混交林、针阔混交林、落叶松林较大程度的减少了因为水土流失而引起的养分损失，通过其自身养分元素的再次进入生物地球化学循环，极大地降低了水体富营养化的可能性。

五、净化大气环境

森林净化大气环境功能是森林生态系统的一项重要生态服务功能，其机理为污染物通过扩散和气流运动或伴随着大气降水到达森林生态系统，所遇到的第一个作用层面是起伏不平的森林冠层，或者被枝叶吸附，或被冠层表面束缚。如果伴随大气降水遇到林冠层，有可能在植物枝叶表面溶解，森林不同优势树种（组）通过这些作用使污染物离开对人产

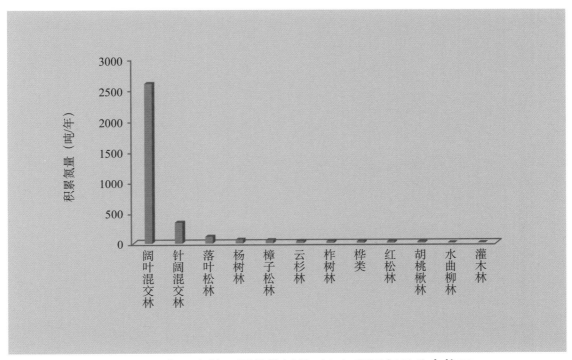

图 3-28 白石山林不同优势树种（组）积累氮量分布格局

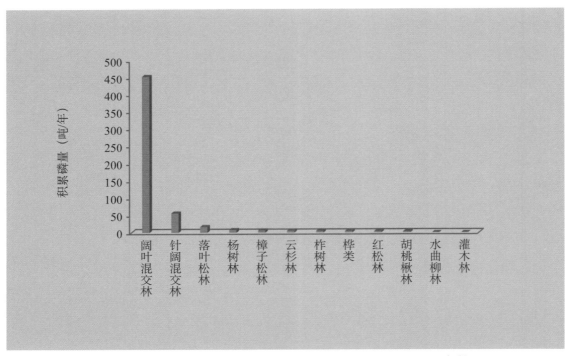

图 3-29　白石山林业局不同优势树种（组）积累磷量分布格局

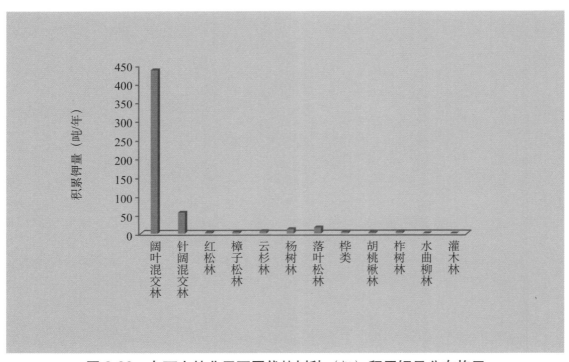

图 3-30　白石山林业局不同优势树种（组）积累钾量分布格局

生危害的环境转移到另一个环境，即意味着可以净化环境。与此同时还有利于维持城市生态系统的健康和平衡以及城市的可持续发展。所以，不同优势树种（组）的净化环境功能对具有着重要意义。

经计算得知，产生负离子量最高的 3 种优势树种（组）为阔叶混交林、针阔混交林、落叶松林，占全局总量的 96.54%。最低的 3 种优势树种(组)为云杉林、水曲柳林、灌木林，仅占全局总量的 0.15%（表 3-6、图 3-31）。吸收污染物量最高的 3 种优势树种（组）为阔叶混交林、针阔混交林、落叶松林，占全局吸收污染物总量的 92.78%，最低的 3 种优势树种(组)为灌木林、水曲柳林、樟子林，仅占全局总量的 0.52%（表 3-6、图 3-32 至图 3-37）。

从以上分析中可以看出，各优势树种（组）间的各项生态系统服务均呈现为阔叶混交林、针阔混交林和落叶松林位于前列；相关研究也表明，在森林生态系统服务中，硬阔类的林分净生产力高于其他优势树种（组）。在森林生态系统服务中，阔叶林的水源涵养功能高于针叶林。这主要是因为阔叶林林分枝叶稠密、叶面相对粗糙，叶片斜向上、叶质坚挺，能截持较多的水分，且叶片含水量低，吸持水分的空间较大，因而林分的持水率很高。另外，阔叶林下有一层较厚的枯枝落叶层，具有保护土壤免受雨滴冲击和增加土壤腐殖质及有机质的作用。凋落物层在森林涵养水源中起着极其重要的作用，既能截持降水，使地表免受雨滴的直接冲击，又能阻滞径流和地表冲刷。同时，凋落物的分解形成土壤腐殖质，能显著地改善土壤结构，提高土壤的渗透性能。针叶林凋落物的持水率明显低于阔叶林和针阔混交林。

白石山林业局各优势树种（组）中，阔叶混交林、针阔混交林和落叶松林的各项生态系统服务强于其他优势树种（组），以上均为本区域的地带性植被且与分布面积有直接的关系。白石山林业局属于半湿润温带大陆性气候区，四季分明。冬季漫长，寒冷而干燥，夏季温热多雨，森林覆盖率高，森林生态系统完整，生物种类十分丰富，是吉林省东部地区乃至全省生态环境的重要屏障；中西部以人工林为主，上述几种优势树种（组）80% 以上的资源面积分布在北部和东南部山区，这两个区域的自然特征和森林资源状况，保证了其森林生态系统服务的正常发挥。由以上数据可知，阔叶混交林、针阔混交林和落叶松林的森林资源数量占据了白石山林业局森林资源的绝大部分，所以其生态系统服务较强。另外，有面积和蓄积量所占比例还可以看出，这三个优势树种（组）的林分质量强于其他优势树种（组），这也是其生态系统服务较强的主要原因，因为生物量的高生长也会带动其他森林生态系统服务功能项的增强。

关于林龄结构对于生态系统服务的影响，已在本章第二节中进行了论述。从白石山林业局森林资源数据中可以得出，阔叶混交林、针阔混交林和落叶松林的中龄林和近熟林的面积占白石山林业局森林总面积的 52.57%，这足以说明此 3 个优势树种（组）正处于林木

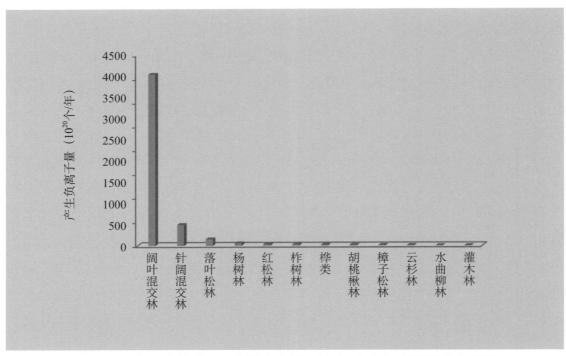

图 3-31 白石山林业局不同优势树种（组）产生负离子量分布格局

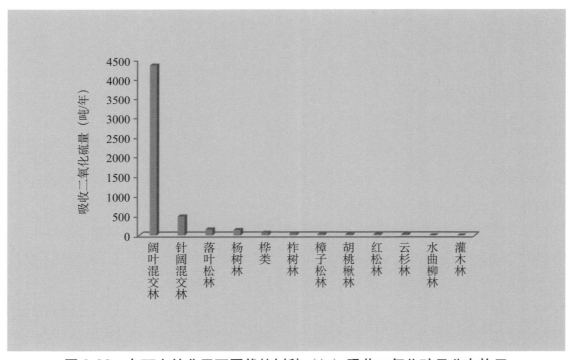

图 3-32 白石山林业局不同优势树种（组）吸收二氧化硫量分布格局

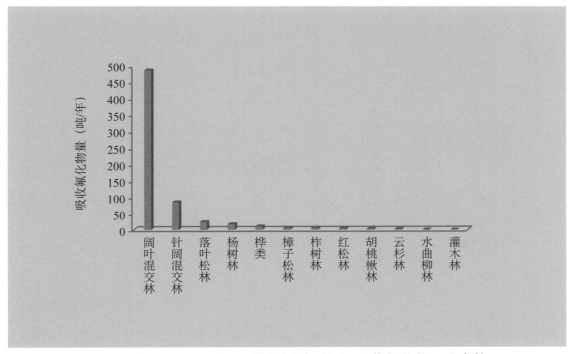

图 3-33 白石山林业局不同优势树种（组）吸收氟化物量分布格局

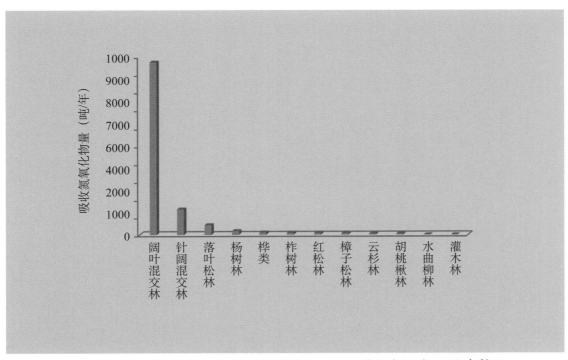

图 3-34 白石山林业局不同优势树种（组）吸收氮氧化物量分布格局

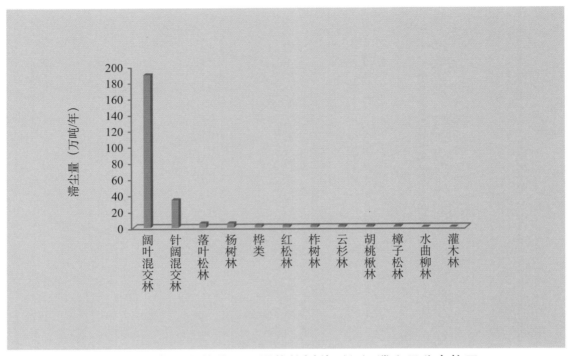

图 3-35 白石山林业局不同优势树种（组）滞尘量分布格局

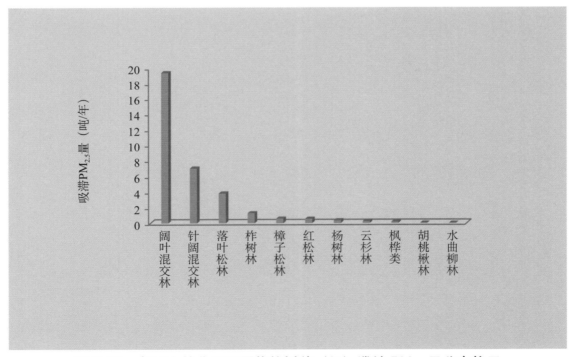

图 3-36 白石山林业局不同优势树种（组）滞纳 PM$_{2.5}$ 量分布格局

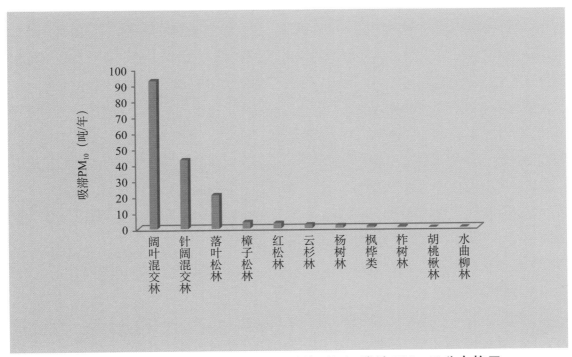

图 3-37　白石山林业局不同优势树种（组）滞纳 PM_{10} 量分布格局

生长速度最快的阶段，林木的高生长带来了较强的森林生态系统服务。在不同森林植被类型土壤蓄水能力研究中得出，中龄林的土壤蓄水能力强于近熟林。在森林起源方面，阔叶混交林和针阔混交林的天然林面积所占比重较高，为 79.48%。同时，这些天然林资源的 90% 以上分布在白石山林业局的各个地区。这些区域林木生长量高，自然植被保护相对较好，生物多样性较为丰富。另外，还分布有大面积的水土保持林、水源涵养林和自然保护区林。这些防护林均属于生态公益林，属于禁止采伐区，人为干扰较低，则其森林生态系统结构较为合理，可以高效、稳定的发挥其生态系统服务。

阔叶混交林、针阔混交林、落叶松林 3 个优势树种（组）的大部分天然林资源分布在白石山林业局各个地区。此外，这 3 个优势树种（组）的人工林也有近 60% 分布在整个区域内，也就意味着，自然保护区还囊括了部分的人工林。因此，其提供的生态系统服务也更为显著。另外，白石山林业局地势较高，土层较厚，透水透气性能良好，肥力较高且水热条件好，这使得其保育土壤能力较其他优势树种较高。

本研究中，将森林滞纳 PM_{10} 和 $PM_{2.5}$ 从滞尘功能中分离出来，进行了独立的评估。从评估结果中可以看出，针叶林吸附与滞纳空气污染物的能力普遍较强。桦木林和阔叶混交林的净化大气环境能力高主要是由于其自然滞尘的速率较高且森林面积较大（张维康，

2015）。所以，这 3 个树种（组）净化大气环境能力较强。由于其对于 $PM_{2.5}$ 和 PM_{10} 的单位面积滞纳量高于其他优势树种（组）。所以，针叶林滞纳 $PM_{2.5}$ 与 PM_{10} 的能力较强。以上优势树种（组）的滞尘能力较强的另一种原因是，其大部分集中在吉林省东部山区，且东部山区年降雨量较高、次数较多，在降雨的作用下，树木叶片表面滞纳的颗粒物能够再次悬浮回到空气中，或洗脱至地面（Hofman，2014），使叶片具有反复滞纳颗粒物的能力。

在森林生态系统服务功能价值评估的相关研究中，得出乔木林生态系统服务功能高于经济林、灌木林的结果（牛香等，2012；董秀凯，2014），这与本研究的评估结果相同。有研究表明，乔木林的地表被大量的枯落物层覆盖，同时还具有良好的林下植被层和土壤状况，最终使其具有较好的水源涵养能力。乔木林具有较强的涵养水源功能，也就意味着其土壤的侵蚀量较低，则其保育土壤功能也较强。经统计 1993～2011 年间我国发表的大量关于不同植被净初级生产力的文献得出，乔木林的 NPP 远大于经济林、灌木林。同时，林木积累营养物质和净化大气环境生态效益的发挥与林分的净初级生产力（林木生命活动强弱）密切相关（国家林业局，2015）。

综上所述，乔木林具有较强的森林生态系统功能。另外，乔木林具有更加庞大的地下根系系统，大量根系的周转，大大增加了土壤中有机质的含量。白石山林业局各个优势树种（组）的生态系统服务中，以阔叶混交林、针阔混交林、落叶松林和杨树林 4 个优势树种（组）最强，这主要是受到了森林资源数量（面积和蓄积量）、林龄以及林分起源的影响。另外，其所处地理位置也是影响森林生态系统服务的主要因素之一。其次，乔木林的各项生态系统服务均高于经济林和灌木林，这主要与其各自的生境以及生物学特性有关。

第四章
白石山林业局森林生态系统 服务价值量评估

森林生态系统服务功能的可测性主要表现在直接价值和间接价值两方面。直接价值主要是指森林生态系统为人类生活所提供的产品，如木材、林副特产等可商品化的功能。间接价值主要体现在森林生态系统的服务功能，如涵养水源、净化大气环境、维护生物多样性等难以商品化的功能。因此，将白石山林业局森林生态系统的各单项服务功能从货币价值量的角度进行评估，结果更具直观性，进而为白石山林业局森林生态系统保护与建设提供科学的理论依据。

第一节　白石山林业局森林生态系统服务价值量评估总结果

一、白石山林业局森林生态系统服务价值量

根据前文评估指标体系及其计算方法，得出白石山林业局森林生态系统服务总价值量为 111.39 亿元/年，占 2015 年吉林省森林生态系统服务总价值 8432.42 亿元/年的 1.32%（2015 年吉林省森林生态系统服务功能评估报告）。通过查阅吉林省统计年鉴可知，白石山林业局森林生态系统服务功能价值总量占吉林市 GDP 总量（2455.20 亿元）的 4.54%。所评估的 6 项服务价值量见表 4-1，各项服务价值量分布图如 4-1 所示。

在《2015 年天然林资源保护工程东北、内蒙古重点国有林区效益监测国家报告》中，吉林省保护经营局的生态系统服务总价值量生物多样性（73.97 亿元/年）＞涵养水源（63.02 亿元/年）＞保育土壤（51.92 亿元/年）＞净化大气环境（36.96 亿元/年）＞固碳释氧（34.83 亿元/年）＞林木积累营养物质（6.77 亿元/年）。白石山林业局森林生态系统各项服务价值比例充分体现出该地区的森林生态系统服务特征，其各项服务功能总价值量的分布趋势与吉林省保护经营局基本一致。白石山林业局地处第二松花江中游右岸，东有张广才岭，西有老爷岭，的森林覆盖率 95.67% 形成了丰富多样的生态群落，蕴藏着许多我国北方区系

表 4-1　白石山林业局森林生态系统服务功能价值量

功能项	功能分项	价值量（10^8元）	总计（10^8元）	占比（%）
涵养水源	调节水量	27.64	37.70	33.84
	净化水质	10.06		
保育土壤	固土	1.37	11.74	10.53
	保肥	10.37		
固碳释氧	固碳	4.04	13.82	12.41
	释氧	9.78		
林木积累营养物质	林木积累营养物质	0.98	0.98	0.89
净化大气环境	提供负离子	0.04	6.58	5.91
	吸收二氧化硫	0.11		
	吸收氟化氢	0.007		
	吸收氮氧化物	0.01		
	滞纳$PM_{2.5}$	1.45		
	滞纳PM_{10}	0.05		
	TSP	6.42		
生物多样性保育	物种保育	40.57	40.57	36.42
合计			111.39	100

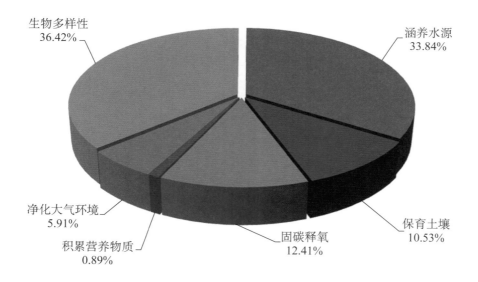

图 4-1　白石山林业局森林生态系统各项服务功能价值量分布

种类和珍稀古树，是吉林省森林树种的宝库。因此，生物多样性保育在各项服务价值量中所占比例最高，即40.57亿元/年，占吉林省保护经营局总价值量36.92%，分别占吉林市（309.91亿元/年）与吉林省保护经营局的生物多样性总价值的13.09%、54.85%，这充分凸显出了白石山林业局森林生态系统对生物多样性保护的重要作用。吉林省内河流主要分属松花江水系、辽河水系、鸭绿江水系、图们江水系和绥芬河水系五大水系，而白石山林业局区内河流分属松花江和牡丹江水系，为该地区乃至下游城镇提供了丰富的水资源。在本研究中，白石山林业局涵养水源功能价值位居第二，其价值量为37.70亿元/年，占吉林市（451.06亿元/年）与吉林省保护经营局森林涵养水源总价值分别为8.36%、59.81%。由此可见，白石山林业局森林生态系统的水源涵养功能对于维持该地区乃至全省的用水安全起到了非常重要的作用。其他4项森林生态系统服务价值的贡献，从大到小依次为固碳释氧价值量13.82亿元/年，占吉林市（316.76亿元/年）与吉林省保护经营局的森林固碳释氧总价值的4.36%、39.68%；保育土壤价值量11.74亿元/年，占吉林市（257.07亿元/年)与吉林省保护经营局的保育土壤总价值分别为4.42%、21.90%；净化大气环境价值量5.09亿元/年，占吉林市(181.40亿元/年)与吉林省保护经营局的净化大气环境总价值的2.81%、13.77%；林木积累营养物质价值量0.98亿元/年，占吉林市（48.49亿元/年）与吉林省保护经营局的林木积累营养物质总价值的2.06%、14.77%；森林游憩方面，由于该地区目前的旅游开发处于初级阶段，所创造的价值较低，2015年森林游憩仅117.8万元，占总价值量111.39亿元的份额甚小，因此并未计入白石山林业局森林生态系统服务功能总价值量。

二、白石山林业局不同起源森林生态系统价值量

白石山林业局森林生态系统不同起源涵养水源服务价值量如表4-2所示。

在白石山林业局森林生态系统中，天然林占据比例较大，所以天然林涵养水源的总价值量为32.22亿元/年（表4-2），占涵养水源服务功能总价值量的85.49%，其所创造的生态效益远高于人工林。同时，从保育土壤、固碳释氧、净化大气环境的总价值计算结果可以看出，天然林所创造的生态效益均高于人工林。

在不同起源林木积累营养物质价值量中，林木积累营养物质所创造的生态效益取决于林分积累营养元素的能力，由白石山林业局森林生态系统不同起源林木积累营养物质的价

表4-2 白石山林业局森林生态系统不同起源服务功能价值量评估结果（亿元）

林型	涵养水源	保育土壤	固碳释氧	林木积累营养物质	净化大气环境	生物多样性保育
天然林	32.22	10.30	11.70	0.88	5.57	35.96
人工林	5.47	1.42	2.12	0.12	1.02	4.61

值量可知，天然林的总价值量（0.88亿元／年）高于人工林（0.12亿元／年）。

在不同起源生物多样性保育价值量中，天然林的总价值量远高于人工林（表4-2），生物多样性丰富的天然林与多样性较单一的人工林相比，净化大气环境总价值量约是其8倍。因此，为了提高人工林的生物多样性保育价值，白石山林业局在人工林的栽培上适当选择增加树种种类，尤为必要。

三、白石山林业局不同林龄森林生态系统服务价值量

森林在生长发育过程中，不同林龄阶段，林木本身以及周围环境所产生的各种生态效益不同。白石山林业局不同林龄森林生态系统的价值量评估结果如表4-3所示。

表4-3 白石山林业局森林生态系统不同林龄服务价值量评估结果（亿元）

林龄	涵养水源	保育土壤	固碳释氧	林木积累营养物质	净化大气环境	生物多样性保育
幼龄林	3.11	0.96	2.07	0.14	0.57	4.77
中龄林	8.38	2.68	2.16	0.14	1.47	9.52
近熟林	11.83	3.85	2.95	0.21	2.05	12.03
成熟林	11.95	3.53	6.26	0.48	2.06	12.23
过熟林	2.43	0.70	0.38	0.03	0.43	2.01

由表4-3可知，在白石山林业局不同林龄森林生态系统涵养水源功能创造的价值量中，成熟林最高，近熟林和中龄林次之，过熟林最低，这主要与各林龄的林分面积和树种的蒸散量相关，由于白石山林业局的森林培育和管护，促进了中龄林的发展，使之晋级为近熟林。而过熟林与幼龄林的面积小于其他龄林，过熟林的蒸散量也高于其他龄林。

不同林龄森林生态系统保育土壤服务功能的价值量中，近熟林最高，中龄林和成熟林次之，过熟林最低（表4-3）。随着林龄的增加，保育土壤价值量呈增长趋势，这与露水河林业局森林生态系统不同林龄的保育土壤价值量分布趋势基本一致。不同林龄的森林生态系统保育土壤价值存在的差异，与林下植被对土壤肥力的保护有关。

不同林龄森林生态系统固碳释氧服务功能的价值量中，成熟林显著高于其他林龄，近熟林和中龄林次之，过熟林最低，在露水河林业局的评估结果中，尽管成熟林的林分面积少于过熟林，但是其固碳释氧服务功能的价值量最高。这主要和林木的净生产力及各林龄的不同树种组成相关。同时也表明，成熟林在生长过程中，对森林生态系统固碳释氧功能生态效益的发挥具有极其重要的潜力。

不同林龄森林生态系统林木积累营养物质服务功能的价值量中，成熟林最高，近熟林

次之，过熟林最低（表4-3）。这说明在不同发育阶段，林木对营养元素的贮存存在显著差异。此外，影响不同林龄森林生态系统林木积累营养物质服务功能价值量的发挥，也与林分净生产力相关性较高。

不同林龄森林生态系统净化大气环境服务功能的价值量中，成熟林最高2.06亿元/年，近熟林2.05亿元/年和中龄林1.47亿元/年紧随其后，过熟林0.43亿元/年最低。这主要由于成熟林中林木处于生长旺盛期，一部分近熟林自然生长为成熟林，而且近熟林的经营方式主要以管护为主，在白石山林业局的森林抚育和保护下，促进了中龄林的发展，因此增强了其森林生态系统净化大气环境功能，所创造的价值量也较高。

不同林龄森林生态系统生物多样性服务功能的价值量中，成熟林12.23亿元/年最高，近熟林12.03亿元/年次之，过熟林2.01亿元/年最低（表4-3）。可见在生物多样性价值量贡献中，成熟林占据了重要地位。近熟林的自然生长，也增强了成熟林生物多样性的价值。而过熟林由于林木生长缓慢及质量退化，其生物多样性保育的价值量较低。

第二节　白石山林业局各林场森林生态系统服务价值量评估结果

一、白石山林业局各林场森林生态系统服务价值量评估结果分析

白石山林业局各林场森林生态系统服务价值量见表4-4。

白石山林业局的森林生态服务价值量的空间分布格局如图4-9至图4-14所示。

涵养水源：由表4-4可知，胜利河林场、白石山林场、双山林场涵养水源总价值量排在前三位，由此可以看出，胜利河林场、白石山林场和双山林场的森林生态系统涵养水源功能对于白石山林业局森林生态系统的重要性。一般而言，建设水利设施用以拦截水流、增加贮备是人们采用最多的工程方法，但是建设水利等基础设施存在许多缺点，例如：占用大量的土地，改变了其土地利用方式；水利等基础设施存在使用年限等。所以，森林生态系统就像一个"绿色、安全、永久"的水利设施，只要不遭到破坏，其涵养水源功能是持续增长，同时还能带来其他方面的生态功能；例如防止水土流失、吸收二氧化碳、生物多样性保护等。本研究的白石山林业局森林生态系统范围较小，在气候环境、林分类型差异较小的背景下，地形地貌成为影响涵养水源价值量的主要影响因素之一。从图4-2可见，白石山林业局各林场涵养水源价值分布具有一定的规律，从北至南，呈减小趋势，这与各林场的坡度，地势，快速径流量及森林面积具有较大关系。这种分布规律也与相同生境的露水河林业局各林场的森林生态系统服务价值量的评估结果相符。

保育土壤：白石山林业局地处吉林省东部山区，属于新华夏系第二隆起带，地质条件复杂，是吉林省地质灾害多发区，每年都有不同类型的地质灾害发生。白石山林业局各林场

表4-4　白石山林业局各林场森林生态系统服务价值量评估结果（亿元/年）

林场	涵养水源			保育土壤			固碳释氧			林木积累营养物质	净化大气环境								生物多样性保育	合计
	调节水量	净化水质	总计	固土	保肥	总计	固碳	释氧	总计		提供负离子	吸收二氧化硫	吸收氟化物	吸收氮氧化物	滞纳TSP	滞纳$PM_{2.5}$	滞纳PM_{10}	小计		
双山	3.82	1.39	5.21	0.19	1.53	1.72	0.71	1.74	2.45	0.18	0.0054	0.016	0.0010	0.0018	0.87	0.173	0.007	0.90	6.90	17.17
大石河	2.77	1.01	3.78	0.15	0.96	1.11	0.41	1.01	1.42	0.10	0.0032	0.010	0.00073	0.0013	0.67	0.182	0.006	0.68	3.56	10.47
胜利河	4.15	1.51	5.66	0.22	1.49	1.71	0.53	1.28	1.81	0.12	0.0044	0.015	0.0011	0.0019	0.98	0.257	0.008	1.00	5.48	15.52
黄松甸	2.99	1.09	4.08	0.15	1.16	1.31	0.42	1.01	1.43	0.10	0.0039	0.012	0.0008	0.0014	0.69	0.151	0.005	0.71	4.22	11.69
白石山	4.02	1.46	5.48	0.19	1.51	1.70	0.57	1.39	1.96	0.14	0.0063	0.016	0.0011	0.0019	0.92	0.203	0.007	0.94	5.47	15.49
大蒲子	3.51	1.28	4.79	0.15	1.19	1.34	0.48	1.18	1.66	0.12	0.0059	0.014	0.00092	0.0017	0.81	0.173	0.005	0.83	4.45	13.01
琵河	3.06	1.11	4.17	0.16	1.22	1.38	0.42	1.00	1.42	0.10	0.0031	0.012	0.00079	0.0014	0.71	0.146	0.005	0.73	5.31	12.96
漂河	3.32	1.21	4.53	0.16	1.31	1.47	0.49	1.18	1.67	0.12	0.0046	0.013	0.00087	0.0016	0.77	0.165	0.005	0.79	5.18	13.59
合计	27.64	10.06	37.70	1.37	10.37	11.74	4.03	9.79	13.82	0.98	0.037	0.11	0.0073	0.013	6.42	1.45	0.05	6.58	40.57	111.39

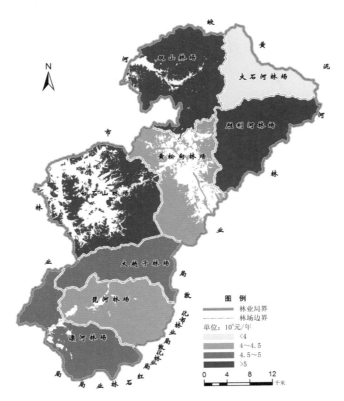

图 4-2　白石山林业局各林场涵养水源功能价值空间分布

森林生态系统的保育土壤功能，为本地区的生态安全和社会经济发展提供了重要保障。

由评估结果可知，保育土壤价值量最高的 3 个林场依次为双山林场、胜利河林场、白石山林场，分别为 1.72 亿元 / 年、1.70 亿元 / 年、1.70 亿元 / 年。占保育土壤总价值量的 43.65%（表 4-4 与图 4-3）。其森林生态系统的固土作用极大地保障了生态安全以及延长了水库的使用寿命，为本区域社会经济发展提供了重要保障。在地质灾害发生方面，由于白石山林业局地质条件复杂，境内河流众多，如：南部漂河林场境内的二道漂河，大趟子和琵河林场境内的琵河，西部白石山林场境内的蛟河，双山林场境内的义气河，东北部起源于黄松甸林场，平顶山流经胜利河林场的威虎河，北部起源于大石河林场的大石河，是地质灾害多发区，每年都有不同类型的地质灾害发生，给人民生命财产和国家经济建设造成重大损失。所以，各林场的森林生态系统保育土壤功能对于降低该地区地质灾害经济损失、保障人民生命财安全，具有非常重要的作用。

固碳释氧：近年来，随着社会工业化的长足发展，污染和能耗也随之增加，CO_2 的排放形成了温室效应，进而引起全球变暖，导致地球极地冰川融化与雪线上升和海水热膨胀，致使海平面升高，气候反常，异常降雨与降雪、高温、热浪、热带风暴、龙卷风等自然灾害加重。森林是陆地面积最大、最复杂的生态系统，除具有显著的经济和社会效益外，还

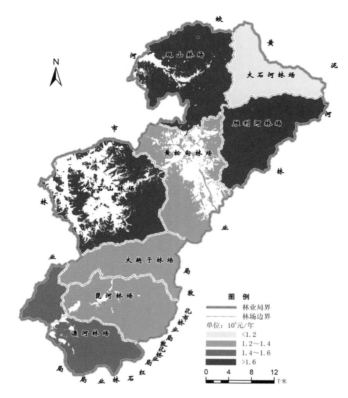

图4-3　白石山林业局各林场保育土壤功能价值空间分布

具有巨大的生态效益，尤其在碳汇方面发挥着重要作用。通过本次评估可知，白石山林业局各林场森林生态系统的固碳释氧功能为维护该地区生态安全同样也起到了重要的作用。

由表4-4可知，双山林场2.45亿元/年的森林生态系统固碳释氧价值量最高，其次为白石山林场1.96亿元/年、胜利河林场1.81亿元/年。占白石山林业局固碳释氧总价值均的33.16%。各林场的固碳释氧功能价值空间分布见图4-4。

林木积累营养物质：白石山林业局各林场的林木积累营养物质功能，使土壤中部分养分元素暂时的保存在植物体内，在之后的生命循环周期内再归还到土壤中，这样可以暂时降低因为水土流失而带来的养分元素损失。若土壤养分元素发生损失，便会造成土地贫瘠。而在本次评估中发现，各林场林木积累营养物质功能价值量差异较小，其中最高的2个林场为双山林场0.18亿元/年和白石山林场0.14亿元/年（表4-4）。而在吉林省各地区的农业化肥使用量中，白石山林业局各林场的使用量较低，由此可见各林场的林木积累营养物质功能意义十分重要。优势树种（组）的类型和比列决定了林场林木积累营养物质的生态效益，不同林分的林木净生产力和营养物质含量决定了林分林木积累营养物质的价值量。

净化大气环境：白石山林业局所处东部山区，其森林生态系统服务较强，各林场在净化大气环境功能上均发挥了各自价值。净化大气环境总价值量最高的3个林场为胜利河林场、

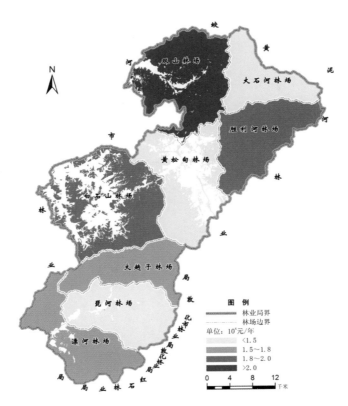

图 4-4 白石山林业局各林场固碳释氧功能价值空间分布

白石山林场、双山林场，分别为 0.74 亿元 / 年、0.73 亿元 / 年、0.72 亿元 / 年，大石河林场最低（表 4-4）。森林可以起到吸附、吸收污染物或阻碍污染物扩散作用。森林的这种作用是通过各种途径实现的：一方面树木通过叶片吸收大气中的有害物质，降低大气有害物质的浓度；另一方面树木能使某些有害物质在体内分解，转化为无害物质后代谢利用。

各林场净化大气环境各指标所产生的价值量从大到小的顺序依次为：滞尘＞吸附 SO_2 ＞提供负离子＞吸附 NO_x ＞吸附 HF。各林场的森林面积、优势树种（组）的类型和比例与净化大气环境功能相关（图 4-6 至图 4-8）。

生物多样性保育：生物多样性是指物种生境的生态复杂性与生物多样性、变异性之间的复杂关系，它具有物种多样性、遗传多样性和生态系统多样性、景观多样性等多个层次。白石山林业局森林生态系统具有丰富多样的动植物资源，使得森林本身就成为一个生物多样性极高的载体，为各级物种提供了丰富的食物资源、安全的栖息地，保育了物种的多样性。

经对白石山林业局各林场的森林生态系统生物多样性保育价值评估，结果由表 4-4 可知，双山林场 6.9 亿元 / 年的生物多样性保育价值位于各林场之首，胜利河林场 5.48 亿元 / 年、白石山林场 5.47 亿元 / 年紧随其后，大石河林场 3.56 亿元 / 年最低（图 4-9）。生物多样性较高则表明该地区自然景观纷呈多样，具有高度异质性，孕育了丰富的生物资源。

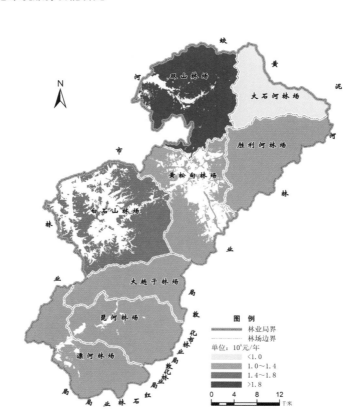

图 4-5　白石山林业局各林场林木积累营养物质功能价值空间分布

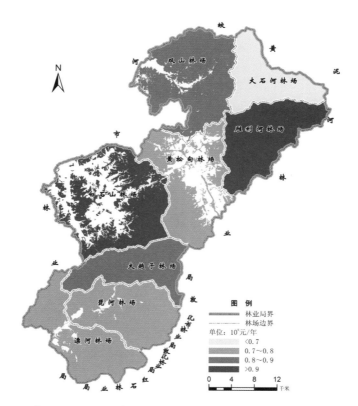

图 4-6　白石山林业局各林场净化大气环境功能价值空间分布

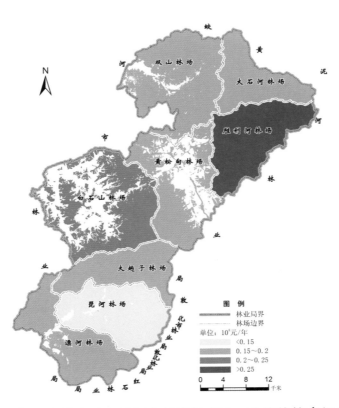

图 4-7 白石山林业局各林场森林滞纳 $PM_{2.5}$ 功能价值空间分布

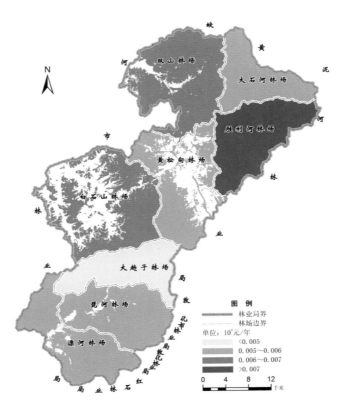

图 4-8 白石山林业局各林场森林滞纳 PM_{10} 功能价值空间分布

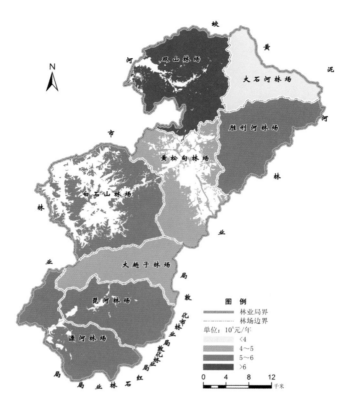

图 4-9   白石山林业局各林场生物多样性保育功能价值空间分布

二、白石山林业局各林场森林生态系统服务功能分布格局分析

从表 4-4 可以看出，双山林场、胜利河林场和白石山林场位于白石山林业局森林生态系统服务总价值前三位，占白石山林业局总价值的 43.84%；而大石河林场、黄松甸林场和琵河林场位于白石山林业局森林生态系统服务总价值的后三位，占全局总价值的 31.96%。

《吉林省 2014 年环境公报》显示：全省生态环境质量总体评价为良好。其中，生态环境质量为优秀的县（市）有 3 个，良好的县（市）有 2 个，一般的县（市）有 4 个。全省生态环境状况等级呈自西向东递增趋势，而白石山林业局森林生态系统服务功能价值量的分布，与全省森林生态系统服务功能价值量的分布趋势一致，说明生态环境状况与森林分布和森林生态系统发挥的生态功能密切相关。

各林场的每项功能以及森林生态系统服务功能总价值量的分布格局，与白石山林业局各林场森林资源自身的属性和所处地理位置有直接的关系。森林在全林业局经济建设和人民生活中占有重要的地位。白石山林业局经过长期开发和利用，林木资源发生了显著的变化。白石山林业局管辖区域降雨量比较充沛，气候温和，土壤肥沃，树木种类丰富多彩，林地生产力较高。而这些丰富的森林资源由于构成、所处地区等不同，因此发挥了不同的生态效益。

　　白石山林业局森林生态系统服务功能在各林场的分布格局存在着规律性：第一，与各林场的森林面积有关，各林场间森林生态系统服务功能的大小排序与森林面积大小排序大体一致，呈紧密的正相关关系。第二，该区人口密集，河网密布，森林遭受过一定程度的破坏。这一区域的森林生态系统存在以下特点：由于对防护林认识上的不足，致使造林保存率不高、生长情况欠佳、造林树种单一等问题。因此，这一区域的森林生态系统服务功能较弱。第四，与人为干扰有关。白石山林业局地处吉林省东部山区，人口密度较小，对森林的干扰强度减小，而且这一区域主要分布着以天然起源的、生物量较高的阔叶混交林、针阔混交林和一些珍贵乡土树种，加之水热条件较好，因而具有较高森林生态系统服务功能。这说明人类活动干扰同样也是影响森林生态系统服务功能空间变异性的重要因素。

第三节　白石山林业局不同优势树种（组）森林生态系统服务价值量评估结果

一、白石山林业局不同优势树种（组）森林生态系统服务价值量评估结果分析

　　根据物质量评估结果，通过价格参数，将白石山林业局不同优势树种（组）生态系统服务的物质量转化为价值量，结果如表4-5所示。

　　涵养水源：涵养水源功能价值量最高的3个优势树种（组）为阔叶混交林、针阔混交林、落叶松林，占全林业局涵养水源服务功能总价值量93.02%。灌木林0.0003亿元/年最低，仅占0.001%（表4-5和图4-10），通过《吉林省森林生态连清与生态系统服务研究》评估结果可知，2013年吉林省水利工程固定投资为130亿元，阔叶混交林、针阔混交林、柞树林和落叶松林的涵养水源价值量均超过了2013年的水利投资总额度，尤以阔叶混交林最为显著，达到了2013年吉林省水利固定投资额度的10倍。同样，2014年露水河林业局森林生态系统不同林分类型涵养水源的价值量最高的为阔叶混交林与针阔混交林，并且白石山林业局与露水河林业的森林类型差异较小，所以白石山林业局不同优势树种（组）的涵养水源功能价值量变化规律与其结果一致，由此可以看出白石山林业局森林生态系统涵养水源功能的重要性。因为水利设施的建设需要占据一定面积的土地，往往会改变土地利用类型，无论是占据的哪一类土地类型，均对社会造成不同程度的影响。另外，建设的水利设施还存在使用年限和一定危险性。随着使用年限的延伸，水利设施内会淤积大量的淤泥，降低了其使用寿命，并且还存在崩塌的危险，对人民群众的生产生活造成潜在的威胁。所以利用和提高森林生态系统涵养水源功能，可以减少相应水利设施的建设，将以上危险性降到最低。

表 4-5   白石山林业局不同优势树种（组）森林生态系统服务价值量评估结果（亿元）

优势树种（组）	涵养水源	保育土壤	固碳释氧	林木积累营养物质	净化大气环境	生物多样性保育	合计
阔叶混交林	28.44	9.45	10.37	0.79	4.79	33.31	87.15
针阔混交林	4.82	1.18	1.63	0.10	1.01	4.73	13.48
红松林	0.33	0.082	0.15	0.0070	0.08	0.42	1.07
樟子松林	0.31	0.082	0.15	0.014	0.05	0.15	0.76
云杉林	0.24	0.058	0.21	0.010	0.05	0.068	0.64
杨树林	0.77	0.17	0.25	0.017	0.12	0.57	1.90
桦类	0.42	0.095	0.13	0.0077	0.06	0.10	0.82
落叶松林	1.80	0.47	0.70	0.033	0.28	0.62	3.90
胡桃楸林	0.22	0.054	0.084	0.0057	0.03	0.16	0.55
柞树林	0.34	0.089	0.13	0.0087	0.10	0.44	1.11
水曲柳林	0.0084	0.0025	0.0055	0.00033	0.0013	0.0093	0.03
灌木林	0.00028	0.000067	0.00020	0.000010	0.00004	0.00035	<0.01
合计	37.70	11.74	13.82	0.98	6.58	40.57	111.39

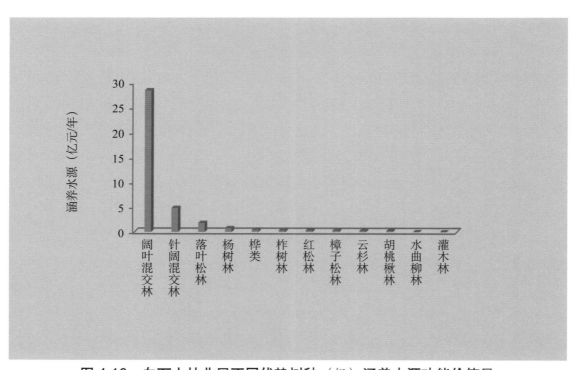

图 4-10   白石山林业局不同优势树种（组）涵养水源功能价值量

保育土壤：保育土壤功能价值量最高的优势树种（组）为阔叶混交林，其价值量为 9.45 亿元／年，占保育土壤总量的 80.49%。最低的树种组为灌木林，仅占总量的 0.0009%（表 4-5）。保育土壤价值量最高仍为阔叶混交林，灌木林较低（图 4-11）。由此可见，森林的保育土壤功能价值与树种极相关，不同树种的枯落物层对土壤养分和有机质的增加作用不同，直接表现出保育土壤功能价值量也不同。吉林省东部是地质灾害发育比较集中的地区，地质灾害种类多（崩塌、滑坡、泥石流、地面塌陷和地面裂缝等），分布广，每年都有不同类型的地质灾害发生，造成生命财产损失。众所周知，森林生态系统能够在一定程度上防止地质灾害的发生，这种作用就是通过其保持水土的功能来实现的。白石山林业局阔叶混交林、针阔混交林落叶松林和大部分分布在各个地区，属于吉林省水土流失较为严重的区域，森林生态系统防止水土流失的作用，大大降低了地质灾害发生的可能性。另一方面，在防止了水土流失的同时，还减少了随着径流进入到水库和湿地中的养分含量，降低了水体富养化程度，保障了湿地生态系统的安全。

固碳释氧：不同优势树种（组）间固碳释氧价值量差异显著。由表 4-5 可知，阔叶混交林 10.37 亿元／年的固碳释氧量价值最高，其次是针阔混交林 1.63 亿元／年、落叶松林 0.69 亿元／年。说明不同优势树种（组）间的林分净生产力各异，相应的固碳释氧价值也显著不同。评估结果显示，阔叶混交林、针阔混交林、落叶松林固碳量达到 27.03 万吨／年，若是

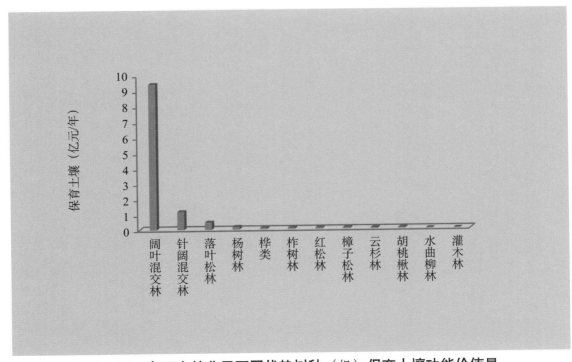

图 4-11　白石山林业局不同优势树种（组）保育土壤功能价值量

通过工业减排的方式来减少等量的碳排放量，所投入的费用高达 997.41 亿元。而单就阔叶混交林、针阔混交林、落叶松林固碳释氧功能而言，其价值量为 12.69 亿元 / 年，仅占工业减排费用的 1.28%，由此可以看出森林生态系统固碳释氧功能的重要作用。

林木积累营养物质：在不同优势树种（组）林木积累营养物质价值量中，阔叶混交林最高、针阔混交林次之，灌木林最低（图 4-13）。由此可知，森林林木积累营养物质功能价值量与林分面积、净生产力、林木氮磷钾养分元素等相关，因此不同优势树种（组）间的林木积累营养物质价值量具明显区别。森林生态系统通过林木积累营养物质功能，可以将土壤中的部分养分暂时的储存在林木体内。在其生命周期内，通过枯枝落叶和根系周转的方式再归还到土壤中，这样能够降低因为水土流失而造成的土壤养分的损失量。阔叶混交林、针阔混交林和落叶松林广泛分布在白石山林业局各个地区，其林木积累营养物质功能可以防止土壤养分元素的流失，保持白石山林业局森林生态系统的稳定；另外，其林木积累营养物质功能可以减少农田土壤养分流失而造成的土壤贫瘠化，一定程度上降低了农田肥力衰退的风险。

净化大气环境：在不同优势树种（组）净化大气环境功能中，阔叶混交林的价值量最高，为 4.79 亿元 / 年，占净化大气环境总价值的 72.70%。针阔混交林 1.01 亿元 / 年次之，灌木林的 0.00004 亿元 / 年最低（表 4-5 与图 4-14 至图 4-16）。这主要是由于净化大气环境功能

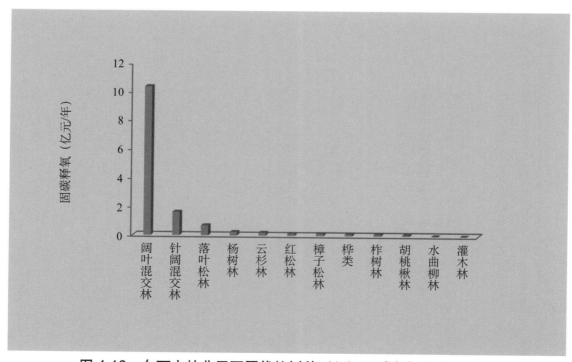

图 4-12　白石山林业局不同优势树种（组）固碳释氧功能价值量

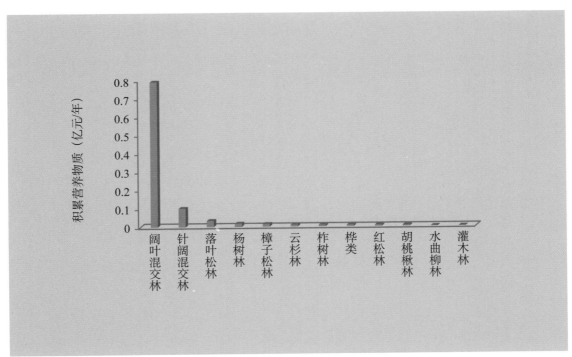

图 4-13　白石山林业局不同优势树种（组）林木积累营养物质功能价值量

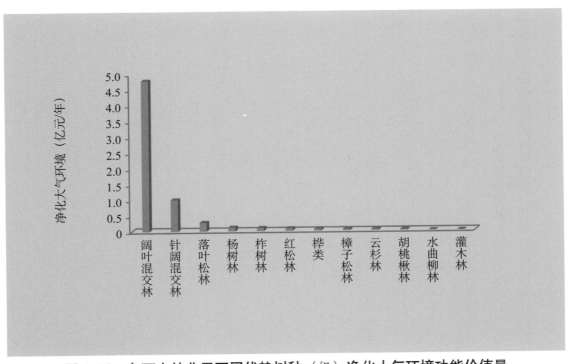

图 4-14　白石山林业局不同优势树种（组）净化大气环境功能价值量

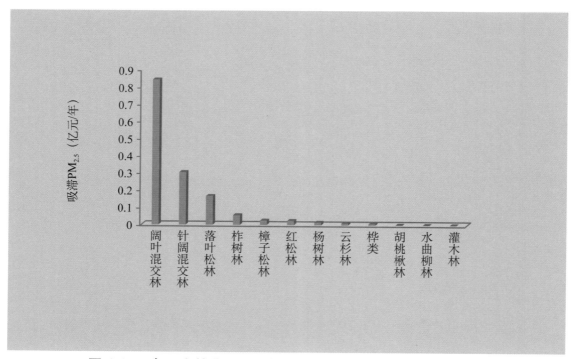

图 4-15　白石山林业局不同优势树种（组）滞纳 PM$_{2.5}$ 价值量

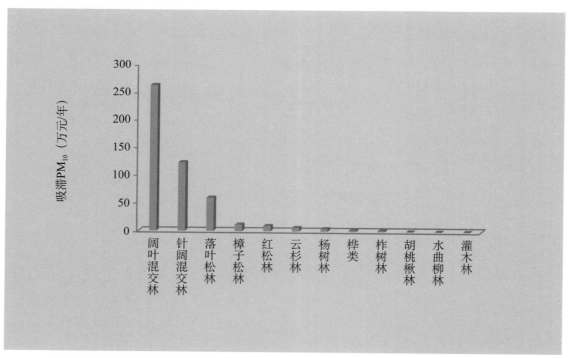

图 4-16　白石山林业局不同优势树种（组）滞纳 PM$_{10}$ 价值量

价值中由提供负离子价值、吸收污染物价值、滞尘价值所组成，不同优势树种（组）间的各项功能指标所产生的价值量不同，所以创造的生态效益也不同。2013 年，吉林省共筹措 3487 万元，建设完善了吉林省环境空气监测网，并针对冬季采暖采取了非常严格的锅炉淘汰制度。所以，白石山林业局应该充分发挥森林生态系统净化大气环境功能，进而降低因为突发性环境污染事件而造成的经济损失。

生物多样性保育：生物多样性保育功能价值量最高的优势树种（组）为阔叶混交林，其值为 33.31 亿元 / 年，占生物多样性保育总价值量的 82.08%。其次为针阔混交林 4.73 亿元 / 年，灌木林 0.004 亿元 / 年最低，仅占总量的 0.001%（表 4-5）。由图 4-17 可知，阔叶混交林、针阔混交林较高。灌木林与水曲柳林较低，由此可见生物多样性保育功能价值量与不同树种的 Shannon-Weiner 指数、濒危指数、特有种指数相关，所以得出结果各异。而白石山因其所在独特的地理位置，不仅动植物资源丰富，而且还保存了一大批珍贵、稀有及濒危动物和植物物种资源。天然阔叶混交林和红松林等树种大多分布在白石山林业局各地区，是吉林省生物多样性保护的重点地区，同时建有白石山森林公园，依据《吉林白石山森林公园总体规划》得知，白石山森林公园内百年以上红松、云杉、色树、榆树、枫桦挺拔傲立，平均树高 30 米，平均胸径 42 厘米，平均冠幅 7 米。同时含有众多珍贵天然阔叶树种如水曲柳、胡桃楸、黄檗、椴树、白桦、柞树等。森林公园内丰富的水资源和茂密的森

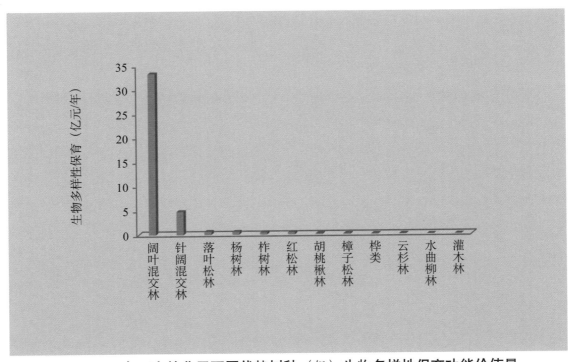

图 4-17　白石山林业局不同优势树种（组）生物多样性保育功能价值量

林环境，为野生动物提供了良好栖息环境。公园内有国家重点保护野生动物共17种，其中，国家级Ⅰ级保护野生动物有紫貂、梅花鹿、原麝等3种，国家级Ⅱ级保护野生动物有水獭、猞猁、黑熊、马鹿、鸳鸯、苍鹰、雀鹰、松雀鹰、白头鹞、燕隼、花尾榛鸡、红角鸮、雕鸮、鹰鸮等14种。这不仅为生物多样保护工作提供了坚实基础，还为该区域带来了高质量的森林旅游资源，极大地提高了当地群众的收入水平。

二、白石山林业局不同优势树种（组）森林生态系统服务价值量分配格局分析

首先，白石山林业局森林生态系统服务功能在主要优势树种（组）间的分布格局是由其面积决定的。由以上结果可以看出，主要优势树种（组）的面积大小排序与其生态系统服务功能大小排序呈现较高的正相关性，如阔叶混交林的面积占全局森林总面积的72.89%，其生态系统服务功能价值量占全省总价值量的72.80%；胡桃楸林、水曲柳林和灌木林总面积占全省总面积的0.74%，其生态系统服务功能价值量占全省总价值量的0.53%。

其次，与主要优势树种（组）的龄级结构有关。森林生态系统服务功能是在林木生长过程中产生的，则林木的高生长也会对生态产品的产能带来正面的影响。影响森林生产力的因素包括：林分因子、气候因子、土壤因子和地形因子，它们对森林生产力的贡献率不同。有研究表明以上4个因子的贡献率分别为56.7%、16.5%、2.4%和24.4%，由此可见，林分自身的作用是对森林生产力的变化影响最大，其中林分年龄最明显。在5个林龄组中，中林龄和近熟林有绝对的优势。白石山林业局主要优势树种（组）森林生态系统服务功能大小排序中，总体来看，常常占据前三位的分别为阔叶混交林、针阔混交林、落叶松林，中龄林面积分别占各自面积的23.64%、29.80%和38.52%，由此表明较大面积的中龄林，发挥着重要的生态系统服务价值。

自天保工程实施以来，白石山林业局的天然林保持了较好自然度的以木本植物为主体组成的森林生态系统。天然林是生物圈中功能最完备的动植物群落，其结构复杂、功能完善、生态稳定性高，有较高的生物多样性，由于稳定的结构和完善的功能使其发挥着较高的生态系统服务功能。天然林具有不可替代的生态保障功能，是白石山林业局乃至全国生态环境建设的重点保护对象，有研究表明，天然林的物种丰富度高、结构稳定、林地枯落物组成复杂而丰富，因此在生产功能和生态功能的持续发挥等方面具有单一人工林无法比拟的优越性。

第五章

白石山林业局森林生态服务对社会、经济和生态环境的综合影响分析

可持续发展的思想是伴随着人类与自然关系的不断演化而最终形成的符合当前与未来人类利益的新发展观。目前，可持续发展已经成为全球长期发展的指导方针。它由三大支柱组成，旨在以平衡的方式，实现经济发展、社会发展和环境保护。我国发布的《中国 21世纪初可持续发展行动纲要》提出的目标为：可持续发展能力不断增强，经济结构调整取得显著成效，人口总量得到有效控制，生态环境明显改善，资源利用率显著提高，促进人与自然的和谐，推动整个社会走上生产发展、生活富裕和生态良好的文明发展道路。但是，近年来随着人口增加和经济发展，对资源总量的需求更多，环境保护的难度更大，严重威胁着我国社会经济的可持续发展。本章将从森林生态系统服务的角度出发，分析吉林省白石山地区社会、经济和生态环境的可持续发展所面临的问题，进而为管理者提供决策依据。

第一节 白石山林业局森林生态效益科学量化补偿研究

一、白石山林业局森林生态效益多功能量化补偿研究

> 森林生态效益科学量化补偿是基于人类发展指数的多功能定量化补偿，结合了森林生态系统服务和人类福祉的其他相关关系并符合省级财政支付能力的一种对森林生态系统服务提供者给予的奖励。

通过分析人类发展指数的维度指标，将其与人类福祉要素有机地结合起来，而这些要素又与生态系统服务密切相关。其中，人类福祉要素包括年教育类支出、年医疗保健类支出和年文教娱乐类支出。

> 人类发展指数是对人类发展情况的总体衡量尺度。主要从人类发展的健康长寿、知识的获取以及生活水平三个基本维度衡量一个国家取得的平均成就。

利用人类发展指数等转换公式，并根据吉林省统计年鉴数据，计算得出吉林省白石山林业局森林生态效益多功能定量化补偿系数、财政相对补偿能力指数、补偿总量及补偿额度，如表 5-1 所示：

表 5-1　吉林省白石山林业局森林生态效益多功能定量化补偿情况

补偿系数	补偿总量 (10^8元/年)	补偿额度		政策补偿 [元/(亩·年)]
		[元/(公顷·年)]	[元/(亩·年)]	
0.34%	0.37	293.56	19.57	10.00

由表 5-1 可以看出，吉林省对森林生态效益的补偿为每亩 10.00 元/年，属于一种政策性的补偿；而根据人类发展指数等计算的补偿额度为 19.57[元/(亩·年)]，高于政策性补偿。利用这种方法计算的生态效益定量化补偿系数是一个动态的补偿系数，不但与人类福祉的各要素相关，而且进一步考虑了省级财政的相对支付能力。以上数据说明，随着人们生活水平的不断提高，人们不再满足于高质量的物质生活，对于舒适环境的追求已成为一种趋势，而森林生态系统对舒适环境的贡献已形成共识，所以如果政府每年投入约 2% 的财政收入来进行森林生态效益补偿，那么相应地将会极大提高人类的幸福指数，这将有利于吉林省白石山林业局的森林资源经营与管理。

根据白石山林业局的森林生态效益多功能定量化补偿额度和各林场森林生态效益计算出各林场森林生态效益多功能定量化补偿额度（表 5-2、图 5-1）。白石山的森林生态效益分配系数介于 9.52% ~ 16.82% 之间，最高的为双山林场，其次为胜利河林场，最低的为大石河林场。补偿总量的变化趋势与补偿系数的变化趋势一致，均与各林场提供的森林生态效益价值量成正比。由表 5-2 还可以得出：补偿额度最高的 3 个林场为大趟子林场、白石山林场、漂河林场，分别为 330.89[元/(公顷·年)]、302.24[元/(公顷·年)] 和 298.22[元/(公顷·年)]；最低的 3 个林场为胜利河林场、双山林场、琵河林场，分别为 288.21[元/(公顷·年)]、280.60[元/(公顷·年)] 和 276.30[元/(公顷·年)]。

根据白石山林业局森林资源二类调查数据，将全局森林划分为 13 个优势树种（组）（包括经济林和灌木林）。依据森林生态效益多功能定量化补偿系数，得出不同的优势树种（组）所获得的分配系数、补偿总量及补偿额度。白石山林业局各优势树种（组）分配系

表 5-2　白石山林业局森林生态效益多功能定量化补偿情况

地市	生态效益 (10^8元/年)	分配系数 (%)	补偿总量 (10^8元/年)	补偿额度	
				[元/(公顷·年)]	[元/(亩·年)]
双山林场	17.18	16.82	0.06	280.60	18.71
大石河林场	10.46	9.52	0.04	291.93	19.46
胜利河林场	15.52	13.82	0.05	288.21	19.21
黄松甸林场	11.70	10.65	0.04	289.33	19.29
白石山林场	15.48	14.09	0.05	302.24	20.15
大趟子林场	13.01	11.84	0.04	330.89	22.06
琶河林场	12.96	11.80	0.04	276.30	18.42
漂河林场	13.59	12.36	0.05	298.22	19.88

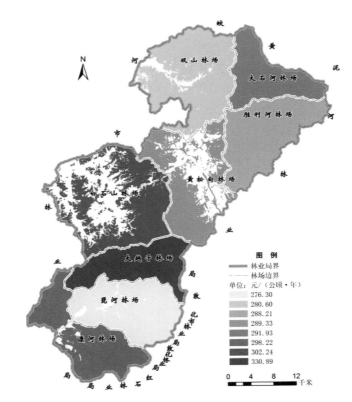

图 5-1　白石山林业局各林场森林生态效益多功能定量化补偿

数、补偿总量及补偿系数如表 5-3、图 5-2 所示：各优势树种（组）生态效益分配系数介于
0.001% ~ 78.51% 之间，最高的为阔叶混交林，其次为针阔混交林，最低的为灌木林，与各
优势树种（组）的生态效益呈正相关性。补偿总量的变化趋势与补偿系数的变化趋势一致，
均与各优势树种（组）的森林生态效益价值量成正比。

表 5-3　白石山林业局各优势树种（组）生态效益多功能定量化补偿情况

优势树种 （组）	生态效益 （10^8元/年）	分配系数 （%）	补偿总量 （10^8元/年）	补偿额度	
				[元/(公顷·年)]	[元/(亩·年)]
阔叶混交林	86.28	78.51	0.293	316.19	316.19
针阔混交林	13.16	11.98	0.045	259.56	259.56
红松林	1.04	0.95	0.004	284.66	284.66
樟子松林	0.73	0.67	0.002	176.41	176.41
云杉林	0.63	0.57	0.002	130.73	130.73
杨树林	1.88	1.71	0.006	277.21	277.21
桦类	0.81	0.74	0.003	159.37	159.37
落叶松林	3.73	3.39	0.013	187.50	187.50
胡桃楸林	0.55	0.50	0.002	214.21	214.21
柞树林	1.05	0.96	0.004	289.91	289.91
水曲柳林	0.03	0.02	0.0001	165.17	165.17
灌木林	0.001	0.001	0.00003	50.79	50.79

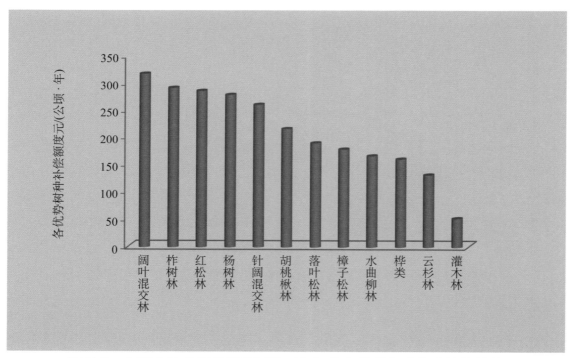

图 5-2　白石山林业局各优势树种（组）生态效益多功能定量化补偿

第二节　白石山林业局森林资源资产负债表编制

　　十八届三中全会提出要"探索编制自然资源资产负债表，对领导干部实行自然资源资产离任审计"，这是推进生态文明建设的重大制度创新，也是加快建立绿色 GDP 为导向的政绩考核体系，进一步发挥环境优化经济发展的基础性作用的重要途径。2015 年，中共中央、国务院印发了《生态文明体制改革总体方案》。与此同时，强调生态文明体制改革工作以"1+6"方式推进，其中包括领导干部自然资源资产离任审计的试点方案和编制自然资源资产负债表试点方案。自然资源资产负债表是用国家资产负债表的方法，将全国或一个地区的所有自然资源资产进行分类加总形成报表，显示某一时间点上自然资源资产的"家底"，反映一定时间内自然资源资产存量的变化，准确把握经济主体对自然资源资产的占有、使用、消耗、恢复和增值活动情况，全面反映经济发展的资源消耗、环境代价和生态效益，从而为环境与发展综合决策、政府生态环境绩效评估考核、生态环境补偿等提供重要依据。探索编制吉林省白石山林业局森林资源资产负债表，是深化白石山林业局生态文明体制改革，推进生态文明建设，打造美丽吉林的重要举措。对于研究如何依托吉林省白石山林业局丰富的森林资源，实施绿色发展战略，建立生态环境损害责任终身追究制，进行领导干部考核和落实十八届三中全会精神，以及解决绿色经济发展和可持续发展之间的矛盾等具有十分重要的意义。

> 　　自然资源资产负债表是指用资产负债表的方法，将全国或一个地区的所有自然资源资产进行分类加总而形成的报表，核算自然资源资产的存量及其变动情况，以全面记录当期（期末—期初）自然和各经济主体对生态资产的占有、使用、消耗、恢复和增殖活动，评估当期生态资产实物量和价值量的变化。

一、账户设置

　　结合相关财务软件管理系统，以国有林场与苗圃财务会计制度所设定的会计科目为依据，建立三个账户：①一般资产账户，用于核算吉林省白石山林业局正常财务收支情况；②森林资源资产账户，用于核算吉林省白石山森林资源资产的林木资产、林地资产、湿地资产、非培育资产；③森林生态系统服务功能账户，用来核算白石山林业局森林生态系统服务功能，包括：涵养水源、保育土壤、固碳释氧、林木积累营养物质、净化大气环境、生物多样性保护、森林游憩、森林防护、提供林产品等其他生态服务功能。

二、森林资源资产账户编制

联合国粮农组织林业司编制的《林业的环境经济核算账户——跨部门政策分析工具指南》指出，森林资源核算内容包括林地和立木资产核算、林产品和服务的流量核算、森林环境服务核算和森林资源管理支出核算。而我国的森林生态系统核算的内容一般包括：林木、林地、林副产品和森林生态系统服务。因此，参考 FAO 林业环境经济核算账户和我国国民经济核算附属表的有关内容，确定本研究的吉林省白石山林业局森林资源核算评估的内容主要为林地、林木、林副产品。

1. 林地资产核算

林地是森林的载体，是森林物质生产和生态服务的源泉，是森林资源资产的重要组成部分，完成林地资产核算和账户编制是森林资源资产负债表的基础。本研究中林地资源的价值量估算主要采用年本金资本化法。其计算公式为：

$$E = A / P \tag{5-1}$$

式中：E——林地评估值（元/公顷）；

A——年平均地租 [元/（亩·年）]；

P——利率。

2. 林木资产核算

林木资源是重要的环境资源，可为建筑和造纸、家具及其他产品生产提供投入，是重要的燃料来源和碳汇集地。编制林木资源资产账户，可将其作为计量工具提供信息，评估和管理林木资源变化及其提供的服务。

（1）幼龄林、灌木林等林木价值量采用重置成本法核算。其计算公式为：

$$E_n = k \cdot \sum_{i=1}^{n} C_i (1 + P)^{n-i+1} \tag{5-2}$$

式中：E_n——林木资产评估值（元/公顷）；

k——林分质量调整系数；

C_i——第 i 年以现时工价及生产水平为标准计算的生产成本，主要包括各年投入的工资、物质消耗等（元）；

n——林分年龄；

P——利率（%）。

（2）中龄林、近熟林林木价值量采用收获现值法计算。其计算公式为：

$$E_n = k \cdot \frac{A_u + D_a(1+P)^{u-a} + D_b(1+P)^{u-b} + \cdots}{(1+P)^{u-n}} - \sum_{i=n}^{u} \frac{C_i}{(1+P)^{i-n+1}} \qquad (5\text{-}3)$$

式中：E_n——林木资产评估值（元/公顷）；

　　　k——林分质量调整系数；

　　　A_u——标准林分 U 年主伐时的纯收入（元）；

　　　D_a、D_b——标准林分第 a、b 年的间伐纯收入（元）；

　　　C_i——第 i 年的营林成本（元）；

　　　U——经营期；

　　　n——林分年龄；

　　　P——利率（%）。

（3）成熟林、过熟林林木价值量采用市场价倒算法计算。其计算公式为：

$$E_n = W - C - F \qquad (5\text{-}4)$$

式中：E_n——林木资产评估值（元/公顷）；

　　　W——销售总收入（元）；

　　　C——木材生产经营成本（包括采运成本、销售费用、管理费用、财务费用及有关税费）（元）；

　　　F——木材生产经营合理利润（元）。

（4）本研究经济林林木价值量全部按照产前期经济林估算，产前期经济林林木资产主要采用重置成本法进行评估。其计算公式为：

$$E_n = k \cdot \left\{ C_1 \cdot (1+p)^n + \frac{C_2\left[(1+p)^{n-1}\right]}{P} \right\} \qquad (5\text{-}5)$$

式中：E_n——第 n 年经济林木资产评估值（元/公顷）；

　　　C_1——第一年投资费（元）；

　　　C_2——第一年后每年平均投资费（元）；

　　　K——林分调整系数；

　　　n——林分年龄；

　　　P——利率（%）。

3．林产品核算

林产品指从森林中，通过人工种植和养殖或自然生长的动植物上所获得的植物根、茎、叶、干、果实、苗木种子等可以在市场上流通买卖的产品，主要分为木质产品和非木质产

品。其中，非木质产品是指以森林资源为核心的生物种群中获得的能满足人类生存或生产需要的产品和服务。包括植物类产品、动物类产品和服务类产品，如野果、药材、蜂蜜等。

林产品价值量评估主要采用市场价值法，在实际核算森林产品价值时，可按林产品种类分别估算。评估公式为：

$$某林产品价值 = 产品单价 \times 该产品产量$$

（1）林地价值。本研究确定林地价格时，生长非经济树种的林地地租为300.00[元/（亩·年）]，生长经济树种的林地地租为800.00[元/（亩·年）]，利率按6%计算。根据相关公式可得，白石山林业局2015年，生长非经济树种林地（含灌木林）的价值量为95.45亿元，生长经济树种林地的价值量为0.01亿元，林地总价值量为95.46亿元（表5-4）。由此可见，白石山林业局林地价值量相当可观。

表5-4 林地价值评估

林地类型	平均地租[元/(亩·年)]	利率(%)	林地价格(元/公顷)	面积(公顷)	价值(10^8元)
非经济树种林地（含灌木林）	300.00	6	75000	127267.1	95.45
经济树种林地	800.00	6	200000	6.1	0.01
合计	—	—	—	—	95.46

（2）林木价值。本研究中林木的价值量包括乔木林（不含经济树种）、灌木林和经济树种的林木价值。参照国家北方优势树种龄林划分表，综合考虑吉林白石山林业局森林优势树种的分类，对林木龄级划分为：幼龄林$n=10$年；中龄林$n=25$年；近熟林$n=35$年；成熟林$n=50$年；过熟林$n > 60$年。由于吉林省林业实施禁伐政策，没有木材采伐，因此在实际评估时对白石山林业局林木的幼龄林、中龄林和近熟林的林木采用重置成本法进行评估；成熟林和过熟林采用市场价倒算法进行评估。

根据表5-5统计情况可知，白石山林业局2015年，乔木林（不含经济林）林木资产价值量为32.60亿元，灌木林林木资产价值量为0.00003亿元，非经济林林木资产价值量总计32.60亿元。

结合林木实际结实情况，确定产前期经济林寿命为$n=5$年，投资收益参照林业平均利率取$P=6\%$。白石山林业局2015年经济林林木资产价值量为0.003亿元（表5-6）。

（3）林产品价值。根据数据的可获取性，白石山林业局2015年，林产品资源价值量总计为10.84亿元。其中菌类资源价值量最高，药材资源价值量最低，各类涉林产业资源价值量及比例见表5-7。

表 5-5　林木资产价值估算

单位	林分类型	龄组	面积 (10^4公顷)	蓄积量 (10^4立方米)	资产评估值 (10^8元)
白石山林业局	乔木林 （不含经济林种）	幼龄林	1.76	1248833	3.52
		中龄林	3.30	3775966	4.94
		近熟林	3.90	5547001	14.53
		成熟林	3.20	5766381	8.34
		过熟林	0.56	1173493	1.27
		小计	12.73	17511674	32.60
	灌木林	—	0.0003	—	0.00003
		合计	12.73	17511674	32.60

表 5-6　经济林价值估算

单位	龄组	面积（公顷）	资产评估值（10^8元）
白石山林业局	—	6.1	0.003

表 5-7　林产品价值量统计（吨，10^8元，%）

涉林产业	菌类	松子	核桃	药材	合计
产量	11200	4200	200	5900	21500
价值	8.96	1.68	0.18	0.02	10.84
比例	82.66	15.50	1.66	0.18	100.00

　　根据表 5-8 统计可知，白石山林业局森林资源资产中，林地资源资产价值量所占比例最高，其次为林木资源资产价值量，林产品资源资产价值量所占比例较少。

表 5-8　白石山林业局森林资源价值量评估统计（10^8元，%）

森林资源	林地	林木			合计	林产品	合计
		乔木林	灌木林	经济林			
白石山林业局	95.46	32.60	0.00003	0.003	128.06	10.84	138.90
比例	68.72	23.47	0.00002	0.002	92.20	7.80	100.00

三、白石山林业局森林资源资产负债表

　　结合上述计算方法以及白石山林业局森林生态系统服务功能价值量核算结果，编制出 2015 年白石山林业局森林资源资产负债表，如表 5-9 至表 5-12 所示。

表 5-9　资产负债表（一般资产账户 01 表）

资产	行次	期初数	期末数	负债及所有者权益	行次	期初数	期末数
流动资产：				流动负债：			
货币资金	1			短期借款	40		
短期投资	2			应付票据	41		
应收票据	3			应收账款	42		
应收账款	4			预收款项	43		
减：坏账准备	5			育林基金	44		
应收账款净额	6			拨入事业费	45		
预付款项	7			专项应付款	46		
应收补贴款	8			其他应付款	47		
其他应收款	9			应付工资	48		
存货	10			应付福利费	49		
待摊费用	11			未交税金	50		
待处理流动资产净损失	12			其他应交款	51		
一年内到期的长期债券投资	13			预提费用	52		
其他流动资产	14			一年内到期的长期负债	53		
流动资产合计	15			其他流动负债	54		
营林、事业费支出：	16			流动负债合计	55		
营林成本	17			长期负债：	56		
事业费支出	18			长期借款	57		
营林、事业费支出合计	19			应付债券	58		
林木资产：	20			长期应付款	59		
林木资产	21			其他长期负债	60		
长期投资：	22			其中：住房周转金	61		
长期投资	23				62		

（续）

资产	行次	期初数	期末数
固定资产:	24		
固定资产原价	25		
减: 累积折旧	26		
固定资产净值	27		
固定资产清理	28		
在建工程	29		
待处理固定资产净损失	30		
固定资产合计	31		
无形资产及递延资产:	32		
无形资产	33		
递延资产	34		
无形资产及递延资产合计	35		
其他长期资产:	36		
其他长期资产	37		
资产总计	38		

负债及所有者权益	行次	期初数	期末数
长期负债合计	63		
负债合计	64		
	65		
所有者权益:	66		
实收资本	67		
资本公积	68		
盈余公积	69		
其中: 公益金	70		
未分配利润	71		
林木资本	72		
所有者权益合计	73		
	74		
	75		
	76		
负债及所有者权益总计	77		

* 表中单位为元，下同。

表 5-10　森林资源资产负债表（森林资源资产负债 02 表）

资产	行次	期初数	期末数
流动资产：	1		
货币资金	2		
短期投资	3		
应付账款	4		
预付账款	5		
其他应收款	6		
待摊费用	7		
待处理财产损益	8		
流动资产合计	9		
固定资产：	10		
在建工程	11		
长期投资	12		
固定资产合计	13		
森源资产：	14		
森林资产	15		13890300000.00
林木资产	16		326006516160.00
林地资产	17		9545032500.00
林产品资产	18		10840000000.00
非培育资产	19		
应补森源资产：	20		
应补森林资源资产	21		
应补林木资产款	22		
应补林地资产款	23		
应补湿地资产款	24		

负债及所有者权益	行次	期初数	期末数
流动负债：	41		
短期借款	42		
应付票据	43		
应付账款	44		
预收款项	45		
育林基金	46		
拨入事业费	47		
专项应付款	48		
其他应付款	49		
应付工资	50		
国家投入	51		
未交税金	52		
应付林木损失费	53		
其他流动负债	54		
流动负债合计	55		
长期负债：	56		
长期借款	57		
应付债券	58		
其他长期负债	59		
长期负债合计	60		
负债合计	61		
应付资源资本：	62		
应付资源资本	63		
应付林木资本	64		

（续）

资产	行次	期初数	期末数	负债及所有者权益	行次	期初数	期末数
应补非培育资产款	25			应付林地资本	65		
生量林木资产：	26			应付湿地资本	66		
生量林木资产	27			应付非培育资本	67		
无形及递延资产：	28			所有者权益：	68		
无形资产	29			实收资本	69		13890300000.00
递延资产	30			森林资本	70		3260065160.00
无形及递延资产合计	31			林木资本	71		
	32			林地资本	72		9545032500.00
	33			林产品资本	73		1084000000.00
	34			非培育资本	74		
	35			生量林木资本	75		
	36			资本公积	76		
	37			盈余公积	77		
	38			未分配利润	78		
	39			所有者权益合计	79		
资产总计	40		13890300000.00	负债及所有者权益总计	80		13890300000.00

表 5-11 森林生态系统服务功能资产负债表（森林生态系统服务功能资产负债 03 表）

资产	行次	期初数	期末数	负债及所有者权益	行次	期初数	期末数
流动资产：	1			流动负债：	75		
货币资金	2			短期借款	76		
短期投资	3			应付账款	77		
应收账款	4			预收款项	78		
预付项款	5			专项应付款	79		
其他应收款	6			其他应付款	80		
待摊费用	7			应付工资	81		
流动资产合计	8			未交税金	82		
无形及递延资产：	9			应付票据	83		
无形资产	10			国家投入	84		
递延资产	11			应付林木损失费	85		
无形及递延资产合计	12			其他流动负债	86		
固定资产：	13			拨入事业费	87		
长期投资	14				88		
其他资产	15			流动负债合计	89		
固定资产合计	16			长期负债：	90		
生态资产：	17			长期借款	91		
生态资产	18		1113897603.00	应付债券	92		
涵养水源	19		3769194395.00	长期应付款	93		
保育土壤	20		1172568750.00	其他长期负债	94		
固碳释氧	21		1382022181.00	长期负债合计	95		
林木积累营养物质	22		99698768.24	负债合计	96		
净化大气环境	23		65840641.70	应付生态资本：	97		
生物多样性保护	24		4057085268.00	应付生态资本	98		

（续）

资产	行次	期初数	期末数	负债及所有者权益	行次	期初数	期末数
森林防护	25			涵养水源	99		
森林游憩	26			保育土壤	100		
提供林产品	27			固碳释氧	101		
其他生态服务功能	28			林木积累营养物质	102		
生量生态资产：	29			净化大气环境	103		
涵养水源	30			生物多样性保护	104		
保育土壤	31			森林防护	105		
固碳释氧	32			森林游憩	106		
林木积累营养物质	33			提供林产品	107		
净化大气环境	34			其他生态服务功能	108		
生物多样性保护	35			所有者权益：	109		
森林防护	36			实收资本	110		
森林游憩	37			资本公积	111		
提供林产品	38			盈余公积	112		
其他生态服务功能	39			未分配利润	113		
生态交易资产：	40			生态资本	114		1113897603.00
涵养水源	41			涵养水源	115		3769194395.00
保育土壤	42			保育土壤	116		1172568750.00
固碳释氧	43			固碳释氧	117		1382022181.00
林木积累营养物质	44			林木积累营养物质	118		99698768.24.00
净化大气环境	45			净化大气环境	119		658406641.7.00
生物多样性保护	46			生物多样性保护	120		4057085268.00
森林防护	47			森林防护	121		
森林游憩	48			森林游憩	122		
提供林产品	49			提供林产品	123		

（续）

资产	行次	期初数	期末数	负债及所有者权益	行次	期初数	期末数
森林游憩	50			其他生态服务功能	124		
提供林产品	51			生量生态资本	125		
其他生态服务功能	52			涵养水源	126		
应补生态资产：	53			保育土壤	127		
涵养水源	54			固碳释氧	128		
保育土壤	55			林木积累营养物质	129		
固碳释氧	56			净化大气环境	130		
林木积累营养物质	57			生物多样性保护	131		
净化大气环境	58			森林防护	132		
生物多样性保护	59			森林游憩	133		
森林防护	60			提供林产品	134		
森林游憩	61			其他生态服务功能	135		
提供林产品	62			生态交易资本	136		
提供林产品	63			涵养水源	137		
其他生态服务功能	64			保育土壤	138		
	65			固碳释氧	139		
	66			林木积累营养物质	140		
	67			净化大气环境	141		
	68			生物多样性保护	142		
	69			森林防护	143		
	70			森林游憩	144		
	71			提供林产品	145		
	72			其他生态服务功能	146		
	73			所有者权益合计	147		11138976003.00
资产合计	74		11138976003.00	负债及所有者权益总计	148		11138976003.00

表 5-12 资产负债表（综合资产负债 04 表）

资产	行次	期初数	期末数	负债及所有者权益	行次	期初数	期末数
流动资产：				流动负债：			
货币资金	1			短期借款	100		
短期投资	2			应付票据	101		
应收票据	3			应付账款	102		
应收账款	4			预收账款项	103		
减：环账准备	5			育林基金	104		
应收账款净额	6			拨入事业费	105		
预付款项	7			专项应付款	106		
应收补贴款	8			其他应付款	107		
其他应收款	9			应付工资	108		
存货	10			应付福利费	109		
待摊费用	11			未交税金	110		
待处理流动资产净损失	12			其他应交款	111		
一年内到期的长期债券投资	13			预提费用	112		
其他流动资产	14			一年内到期的长期负债	113		
	15			国家投入	114		
	16			育林基金	115		
	17			其他流动负债	116		
流动资产合计	18			应付林木损失费	117		
营林、事业费支出：	19			流动负债合计	118		
营林成本	20			应付森源资本：	119		
事业费支出	21				120		

（续）

资产	行次	期初数	期末数
营林、事业费支出合计	22		
森源资产:	23		
森源资产	24		1389030000000.00
林木资产	25		3260065160.00
林地资产	26		9545032500.00
林产品资产	27		10840000000.00
培育资产	28		
应补森源资产:	29		
应补森源资产	30		
应补林木资产款	31		
应补林地资产款	32		
应补湿地资产款	33		
应补非培育资产款	34		
生量林木资产:	35		
生量林木资产	36		
应补生态资产:	37		
应补生态资产	38		
涵养水源	39		
保育土壤	40		
固碳释氧	41		
林木积累营养物质	42		
净化大气环境	43		

负债及所有者权益	行次	期初数	期末数
应付森源资本	121		
应付林木资本款	122		
应付林地资本款	123		
应付湿地资本款	124		
应付培育资本款	125		
应付生态资本:	126		
应付生态资本	127		
涵养水源	128		
保育土壤	129		
固碳释氧	130		
林木积累营养物质	131		
净化大气环境	132		
生物多样性保护	133		
森林防护	134		
森林游憩	135		
提供林产品	136		
其他生态服务功能	137		
长期负债:	138		
长期借款	139		
应付债券	140		
长期应付款	141		
其他长期负债	142		

（续）

资产	行次	期初数	期末数
生物多样性保护	44		
森林防护	45		
森林游憩	46		
提供林产品	47		
其他生态服务功能	48		
生态交易资产:	49		
生态交易资产	50		
涵养水源	51		
保育土壤	52		
固碳释氧	53		
林木积累营养物质	54		
净化大气环境	55		
生物多样性保护	56		
森林防护	57		
森林游憩	58		
提供林产品	59		
其他生态服务功能	60		
生态资产:	61		
生态资产	62		11138976003.00
涵养水源	63		3769194395.00
保育土壤	64		1172568750.00
固碳释氧	65		1382022181.00

负债及所有者权益	行次	期初数	期末数
其中: 住房周转金	143		
长期发债合计	144		
负债合计	145		
所有者权益:	146		
实收资本	147		
资本公积	148		
盈余公积	149		
其中: 公益金	150		
未分配利润	151		
生量林木资本	152		
生态资本	153		11138976003.00
涵养水源	154		3769194395.00
保育土壤	155		1172568750.00
固碳释氧	156		1382022181.00
林木积累营养物质	157		9969768.24
净化大气环境	158		658406641.70
生物多样性保护	159		4057085268.00
森林防护	160		
森林游憩	161		
提供林产品	162		
其他生态服务功能	163		
森源资本	164		13890300000.00

（续）

资产	行次	期初数	期末数	负债及所有者权益	行次	期初数	期末数
林木积累营养物质	66		99698768.24	林木资本	165		3260065160.00
净化大气环境	67		65840641.70	林地资本	166		9545032500.00
生物多样性保护	68		4057085268.00	林产品资本	167		10840000000.00
森林防护	69			非培育资本	168		
森林游憩	70			生态交易资本	169		
提供林产品	71			涵养水源	170		
其他生态服务功能	72			保育土壤	171		
生量生态资产：	73			固碳释氧	172		
生量生态资产	74			林木积累营养物质	173		
涵养水源	75			净化大气环境	174		
保育土壤	76			生物多样性保护	175		
固碳释氧	77			森林防护	176		
林木积累营养物质	78			森林游憩	177		
净化大气环境	79			提供林产品	178		
生物多样性保护	80			其他生态服务功能	179		
森林防护	81			生量生态资本	180		
森林游憩	82			涵养水源	181		
提供林产品	83			保育土壤	182		
其他生态服务功能	84			固碳释氧	183		
长期投资	85			林木积累营养物质	184		
长期投资	86			净化大气环境	185		
固定资产：	87			生物多样性保护	186		

（续）

资产	行次	期初数	期末数
固定资产原价	88		
减：累积折旧	89		
固定资产净值	90		
固定资产清理	91		
在建工程	92		
待处理固定资产净损失	93		
固定资产合计	94		
无形资产及递延资产：	95		
递延资产	96		
无形资产	97		
无形资产及递延资产合计	98		
资产总计	99		25029276003.00

负债及所有者权益	行次	期初数	期末数
森林防护	187		
森林游憩	188		
提供林产品	189		
其他生态服务功能	190		
	191		
	192		
	193		
	194		
	195		
	196		
所有者权益合计	197		25029276003.00
负债及所有者权益总计	198		25029276003.00

第三节　白石山林业局森林生态系统服务功能评估结果的应用前景与展望

在中国这片辽阔的领土上，孕育了太多我们未见过的奇观。其中，山水林田湖给人最直接的感受是他们已然融为一个生命共同体，人的命脉在田，田的命脉在水，水的命脉在山，山的命脉在土、土的命脉在树。目前，中国政府高度重视林业工作，始终把林业发展和国家林业重点工程建设放在重要战略位置。继党的十八大把生态文明建设纳入社会主义现代化建设事业"五位一体"布局后，党的十八届五中全会又进一步提出"绿色发展"的新理念，赋予了林业绿色富国、绿色惠民、绿色增美的新使命，以及党中央、国务院以及相关部门陆续出台了生态保护红线制度、党政领导干部生态环境损害责任追究办法、领导干部自然资源资产离任审计试点和开展公益诉讼试点等政策，标志着林业生态建设将进入政策规范、管理严格、责任倒查的新阶段，林业的功能定位被提高到了前所未有的新高度。

面对宏观经济下行压力持续加大、林业生态建设任务繁重紧迫、林业改革工作艰难复杂的挑战和考验，吉林省委、省政府，国家林业局，吉林省林业厅相继召开相关会议，都紧紧围绕贯彻落实党中央、国务院一系列重大决策做出了安排部署。确立了"十三五"时期全省林业工作的总体思路即：高举中国特色社会主义伟大旗帜，深入贯彻党的十八大和十八届三中、四中、五中全会及省委十届四次、五次、六次全会精神，认真落实习近平总书记系列重要讲话精神，牢固树立创新、协调、绿色、开放、共享发展理念，以建设绿美吉林为总目标，以林业整体转型为主线，以深化改革为突破口，深入实施以生态建设为主的林业发展战略，创新体制机制，注重生态修复，加强资源保护，加快国土绿化，强化基础保障，促进绿色惠民，打造绿色实力，着力改善民生，全面提升林业生态承载能力和引领绿色发展能力，加快推进林业现代化建设进程，为全面建成小康社会、建设美丽吉林、推动吉林新一轮振兴做出更大贡献。到"十三五"期末，全面实现吉林省林业"三增长"。

在这样的大环境下，围绕"十三五"规划总体安排，如何注重改革创新、注重林业生态系统性修复、注重森林资源保护、注重林区民生改善、注重林业基层基础建设、注重生态产品生产和供给、注重依法治林，在本次白石山林业局森林生态系统服务功能评估结果基础上，白石山林业局要突出抓好以下重点工作：

一、坚定不移推进生态修复和造林绿化

通过本次评估，白石山林业局森林生态系统具有较高的生态效益及其价值，对吉林省的森林生态系统服务功能总价值具有一定的贡献。但是森林资源分布不均，纯林和经济林

较少、人工林蓄积量不高等问题依旧制约该地区森林生态效益的进一步发挥。针对具体生态效益的发挥，建立科学有效的珍稀资源保存和利用体系，为优化森林资源结构、增加森林资源储备、增强林业可持续发展提供保障，将是下一步白石山林业局工作的主要方向。以森林生态系统服务功能—涵养水源和保育土壤为例：

水源涵养林是指以调节、改善水源流量和水质的一种防护林。其主要作用是调节坡面径流，削减河川汛期径流量；调节地下径流，增加河川枯水期径流量；改善和净化水质，降低环境污染物等。在适地适树原则指导下，水源涵养林的造林树种应具备根量多、根域广、林冠层郁闭度高（复层林比单层林好）、林内枯枝落叶丰富等特点。因此，最好营造阔叶混交林和针阔混交林，其中除主要树种外，要考虑合适的伴生树种和灌木，以形成混交复层林结构。同时选择一定比例深根性树种，加强土壤固持能力。在立地条件差的地方、可考虑以对土壤具有改良作用的豆科树种作先锋树种；在条件好的地方，则要用速生树种作为主要造林树种。水源林在幼龄林阶段要特别注意封禁，保护好林内死地被物层，以促进养分循环和改善表层土壤结构，利于微生物、土壤动物（如蚯蚓）的繁殖，尽快发挥森林的水源涵养作用。当水源林达到成熟年龄后，要严禁大面积皆伐，一般应进行弱度择伐。重要水源区要禁止任何方式的采伐。

水土保持林是指为防止、减少水土流失而营建的防护林。通过林中乔、灌木林冠层对天然降水的截留，改变降落在林地上的降水形式，削弱降雨强度和其冲击地面的能量。水土保持林的乔、灌木群体具有浓密的地上部分和强大的根系，可发挥良好的固岸、固坡、防冲、护滩、缓流挂淤，以至减免滑坡、崩塌等危害的作用。水土保持林在配置方面，根据不同地形和不同防护要求，以及配置形式和防护特点，可分为多种类型，不同的水土保持林种可因地制宜、因害设防地采取（林）带、片、网等不同形式。在一个水土保持综合治理的小流域范围内，要注意各个水土保持林种间在其防护作用和其配置方面的互相配合、协调和补充，从流域的整体上注意保护和培育现有的天然林，使之与人工营造的各个水土保持林种相结合，同时又注意流域治理中水土保持林的合理、均匀的分布和林地覆被率问题。水土保持林的营造和经营方面，选择抗性强和适应性强的灌木树种，同时注意采用适当的混交方式，造林的初植密度宜稍大，以利提前郁闭。在规划施工时注意造林地的蓄水保土坡面工程，可采用各种造林方法，以及人工促进更新和封山育林等。

二、严格保护森林资源，增加森林生态系统生物多样性

白石山林业局区位十分重要。全局经营范围内森林资源丰富，森林覆盖率高达95.67%，天然林资源分布集中，具有完整的温带森林生态系统，生物多样性丰富，是重点国有林区，也是我国重要的商品林基地。生态环境呈特殊多样性和相对整体性，可恢复和保护程度较好，对全国的生态环境有着举足轻重的影响，生态区位十分重要。

　　由评估结果可知，白石山林业局森林生态系统具有较高的生态服务效益和价值，多项功能生态效益突出，尤其是生物多样性保育服务功能较为突出，但还有待加强，各个林场的森林资源分布不均匀，双山林场林地面积、蓄积量所占比重最高，但资源较差，大趟子林场森林资源最好，其余各林场资源状况也不相同。全局混交林林地面积所占比重大，纯林林地面积所占比重小。有林地树种种类较多，分布不均，珍贵树种较少。因此，为进一步增加森林生态系统生物多样性，应加强珍贵树种资源的保护和培育，建立科学有效的珍稀资源保存和利用体系，为优化森林资源结构、增加森林资源储备、提高区域森林面积和质量、营造良好的生境，为动植物提供可持续发展的空间，增强林业可持续发展提供保障。

　　首先，在白石山林业局森林中，天然林分布广、面积较大且类型多，但其由于历史上长期不合理的开发利用，原始林受到较严重的破坏，出现不同程度的退化现象，原始天然林资源濒临枯竭，林分中目的树种比例不高。特别是珍贵树种比重低，质量低下的林分占较大比例，林分结构不合理的问题日趋突出。随着天然林保护工程的实施，林地生产力有所提高，在下一步工作中对天然原始林的保护和经营应根据不同实际情况分别采取不同的经营保护措施，主要采取封山育林的方式，即利用森林自然演替规律，借助于自然力并辅以适当的人工促进措施，达到恢复森林和提供林地质量的目的。白石山林区具有良好的水热条件，充分利用森林的自我更新能力，在局部水土流失严重的区域，实行定期封山，禁止垦荒、放牧、砍柴等人为破坏活动，加强保护和培育天然母树林，以恢复森林植被、增加森林面积，提高森林质量。

　　其次，还应加强幼龄林抚育。幼龄林是我国重要的后备森林资源，幼龄林抚育是森林经营的重要措施之一。白石山林业局林龄组结构不合理，幼龄林比重小，中龄林、近龄林、成熟林比重过大，应对急需抚育的幼龄林采取科学合理的森林抚育措施，达到优化森林结构，促进林木生长，提高森林质量、林地生产力和综合效益，形成稳定、健康、丰富多样的森林群落结构的目标。

　　第三，实施林冠下补植，增加物种的多样性。白石山林业局中龄林、近龄林、成熟林的比重较大，通过对中龄林、近龄林、成熟林的培育，在天然更新能力差的区域以及郁闭度0.5以下的林分实施补植，依据林分树种组成，选择红松、云杉、落叶松、水曲柳、胡桃楸、蒙古栎、紫椴、黄檗等适宜补植树种实施林冠下补植，逐步调整林分树种组成，提高林分质量和生产力，从而加速向顶极群落的演替进程。

　　最后，在大力实施森林抚育的基础上，科学地量化生物多样性的保护价值，并不断监测，能够引导人们重视森林之外的生物多样性保护的更大价值，也会促使人们更加重视森林的多种功能和自我调控能力，协调森林经营与人类的多种关系。

三、挖掘森林游憩服务价值潜力

根据白石山河林业局提供的数据，2015 年白石山林业局林业旅游与休闲产值为 117.8 万元，这些价值仅占白石山林业局森林生态系统服务总价值量的 0.01%，未来提升潜力较高。

白石山林业局目前森林游憩的主要收入来源于白石山森林公园，该公园是一个以原始森林为主，集山川、溪瀑、雾凇、冰雪、人文于一体，以长白山风情和林区文化为特色，以春、夏、秋季赏花、漂流、垂钓、烧烤、露营、水上游乐、游览、冬季滑冰、赏雪景、观日出等为主要内容的多功能综合性旅游景区。其风景资源价值、环境质量价值和旅游开发价值都较高。今后，在特色原则、多样性原则、协调性原则、市场导向原则和效益原则的基础上，对以白石山林业局为主体的自然环境和自然资源，通过科学规划和一定的经济技术活动，使之可以进一步为森林游憩所利用，加强宣传，对游人形成吸引力，提高生态服务价值。同时，遵循"保护为主，适度开发"的原则，加强保护，制定保全、保存和发展的具体措施，在保证其可持续发展的前提下，进行科学合理的开发利用。最终做到既保护好白石山林业局原有森林生态系统不被破坏，又能使之成为继桦甸红石森林公园之后，蛟河市的又一匹旅游黑马。

四、加强人工林的可持续发展建设

白石山林业局现有人工林 21489.1 公顷，占有林地面积的 16.88%，通过对人工林的科学培育和管理，能够进一步提升该区域森林生态系统生态效益。增加人工林的生态系统服务效益，首先要实现人工林的可持续经营，而可持续经营的必要条件是人工林生物多样性的提高和树种结构的改善，通过大力开展更新造林，以林业耕地、宜林荒山荒地、采伐迹地、疏林地等为重点，采取人工更新造林、人工促进天然更新等措施，增加和恢复森林植被。其次，充分利用自然力营建人工林，在有天然更新的地方人工造林时，要充分利用自然力恢复森林，采取适当措施如造林时充分保留造林地上的树木，通过适当树种配置、抚育，形多树种混交的林分，生物种类较丰富。再次，科学地发展林下植被，发展林下植被不仅可增加人工林的生物多样性，改善人工林的群落结构，而且林下植被在维护长期生产力上起着关键作用，例如，稳定土壤，防止土壤侵蚀，作为养分库减少淋洗，有利于林地的养分循环，固氮，有益于土壤生物区系的多样性等。第四，要有合理的景观配置，按照适地适树和保持景观多样性原则，保留一些现有林，配置多树种造林，以增加生态系统及生物的多样性。这种景观配置有利于林分外部环境的改善，抑制或防止病虫害的蔓延，维护地力，从而提高人工林林分的稳定性。

此外，要大力发展林下特色产业。以森林培育、林下特色种养殖业为重点，向生产力管理和集约经营发展，通过实行有效的遗传控制、立地控制、密度控制、植被控制与地力控制，对人工林进行集约管理，实现人工林栽培定向、速生、丰产、优质、稳定和高的经济效益6个目标。

  总之，随着社会经济的长足发展，森林作为陆地生态系统的主体这一命题日益突出，而森林生态系统服务功能价值评估能够使人们能在一个新的层面上来认识森林，进一步确立了森林的生态地位。通过本次吉林省白石山林业局森林生态系统服务功能的研究结果显示，白石山林业局生态区位尤显重要，生态优势尤为明显。森林资源作为白石山林业局最大的环境资源，应继续坚持以营林为基础，加强森林培育与保护，合理管理与经营。同时，白石山林业局要针对林业发展结构性矛盾和弊端，明确产业调整主攻方向，加快推进传统林业加工业转型，大力发展新兴林业产业，满足全社会对天然绿色产品需求。还应抓住生态旅游升温机遇，加强森林旅游规划，创新森林旅游商业模式，通过多元融资和市场化运作，加快推进森林旅游资源向旅游资本转变，把生态旅游打造成白石山林业局经济新的增长极。要瞄准老龄化社会到来所产生的多样化需求，积极谋划开发森林康养、森林疗养项目，在服务社会的同时创造自身价值。依托本区域丰富的森林资源，以创新引领生态产品消费趋势，以互联网延伸林产品产业链，抓住"一带一路"战略机遇，努力开拓林业和林产品市场空间。充分发挥民营经济对生态产品的创造力，积极吸引社会工商资本投入林业产业，提高林业产出能力。此外，还要加快森林城市和美丽乡村建设，全面改善城乡人居环境。科学发展森林经济，提高森林释氧固碳能力，为人民群众提供更多清洁的水和清新的空气。然后通过加强生态产品生产和供给，不断拓展白石山林业局发展的内涵和外延，进一步提升林业的行业价值，为社会带来更多的生态福祉。

参考文献

蔡炳花, 王兵, 杨国亭, 等. 2014. 黑龙江省森林与湿地生态系统服务功能研究 [M]. 哈尔滨:
　　东北林业大学出版社.

董秀凯, 王兵, 耿绍波. 2014. 吉林省露水河林业局森林生态连清与价值评估报告 [M]. 长春:
　　吉林大学出版社.

房瑶瑶, 王兵, 牛香. 2015. 陕西省关中地区主要造林树种大气颗粒物滞纳特征 [J]. 生态学杂
　　志, 34(6): 1516-1522.

房瑶瑶. 2015. 森林调控空气颗粒物功能及其与叶片微观结构关系的研究——以陕西省关中
　　地区森林为例 [D]. 北京: 中国林业科学研究院.

郭慧. 2014. 森林生态系统长期定位观测台站布局体系研究 [D]. 北京: 中国林业科学研究院.

国家发展与改革委员会能源研究所. 1999. 能源基础数据汇编 (1999)[G],16.

国家林业部. 1982. 关于颁发《森林资源调查主要技术规定》的通知 (林资字 [1982]10 号).

国家林业局. 2003. 关于认真贯彻执行《森林资源规划设计调查主要技术规定》的通知 (林
　　资发 [2003]61 号).

国家林业局. 2003. 森林生态系统定位观测指标体系 (LY/T 1606-2003) [S]. 北京: 中国标准出
　　版社.

国家林业局. 2004. 国家森林资源连续清查技术规定 [S].

国家林业局. 2005. 森林生态系统定位研究站建设技术要求 (LY/T 1626-2005) [S]. 北京: 中国
　　标准出版社.

国家林业局. 2007. 暖温带森林生态系统定位观测指标体系 (LY/T 1689-2007) [S]. 北京: 中国
　　标准出版社.

国家林业局. 2007. 热带森林生态系统定位观测指标体系 (LY/T 1687-2007) [S]. 北京: 中国标
　　准出版社.

国家林业局. 2008. 寒温带森林生态系统定位观测指标体系 (LY/T 1722-2008) [S]. 北京: 中国
　　标准出版社.

国家林业局. 2008. 森林生态系统服务功能评估规范 (LY/T 1721-2008) [S]. 北京: 中国标准出
　　版社.

国家林业局. 2010. 森林生态系统定位研究站数据管理规范 (LY/T1872-2010) [S]. 北京: 中国

标准出版社.

国家林业局. 2010. 森林生态站数字化建设技术规范 (LY/T1873-2010) [S]. 北京：中国标准出版社.

国家林业局. 2011. 森林生态系统长期定位观测方法 (LY/T 1952-2011) [S]. 北京：中国标准出版社.

国家林业局. 2016. 天然林资源保护工程东北、内蒙古重点国有林区效益监测国家报告 [M]. 北京：中国林业出版社.

国家林业局. 干旱半干旱区森林生态系统定位监测指标体系 (LY/T 1688-2007) [S]. 北京：中国标准出版社.

吉林省林业厅. 吉林省林业"十二五"发展规划 [R].

吉林省林业厅. 吉林省林业"十三五"发展规划 [R].

吉林省统计局. 2013. 吉林省统计年鉴（2013）[M]. 北京：中国统计出版社.

李有才. 2013. 用"生态 GDP"核算美丽中国 [N]. 中央财经报, 4-4.

牛香, 宋庆丰, 王兵, 等. 2013. 黑龙江省森林生态系统服务功能 [J]. 东北林业大学学报, 41(8): 36-41.

牛香, 王兵. 2012. 基于分布式测算方法的福建省森林生态系统服务功能评估 [J]. 中国水土保持科学, 10(2): 36-43.

牛香. 2012. 森林生态效益分布式测算及其定量化补偿研究——以广东和辽宁省为例 [D]. 北京：北京林业大学.

任军, 宋庆丰, 山广茂, 等. 2016. 吉林省森林生态连清与生态系统服务研究 [M]. 北京：中国林业出版社.

宋庆丰. 2015. 中国近 40 年森林资源变迁动态对生态功能的影响研究 [D]. 北京：中国林业科学研究院.

王兵, 崔向慧, 杨锋伟. 2004. 中国森林生态系统定位研究网络的建设与发展 [J]. 生态学杂志, 23(4): 84-91.

王兵, 崔向慧. 2003. 全球陆地生态系统定位研究网络的发展 [J]. 林业科技管理, (2): 15-21.

王兵, 鲁绍伟, 尤文忠, 等. 2010. 辽宁省森林生态系统服务价值评估 [J]. 应用生态学报, (7): 1792-1798.

王兵, 鲁绍伟. 2009. 中国经济林生态系统服务价值评估 [J]. 应用生态学报, 20(2): 417-425.

王兵, 马向前, 郭浩, 等. 2009. 中国杉木林的生态系统服务价值评估 [J]. 林业科学, 45(4): 124-130.

王兵, 任晓旭, 胡文. 2011. 中国森林生态系统服务功能的区域差异研究 [J]. 北京林业大学学报, 33(2): 43-47.

王兵，任晓旭，胡文．2011．中国森林生态系统服务功能及其价值评估 [J]．林业科学，47(2)：145-153．

王兵，魏江生，胡文．2009．贵州省黔东南州森林生态系统服务功能评估 [J]．贵州大学学报：自然科学版，26(5)：42-47．

王兵，魏江生，胡文．2011．中国灌木林—经济林—竹林的生态系统服务功能评估 [J]．生态学报，31(7)：1936-1945．

王兵，郑秋红，郭浩．2008．基于 Shannon-Wiener 指数的中国森林物种多样性保育价值评估方法 [J]．林业科学研究，(2)．

王兵，宋庆丰．2012．森林生态系统物种多样性保育价值评估方法 [J]．北京林业大学学报，34(2)：157-160．

王兵．2011．广东省森林生态系统服务功能评估 [M]．北京：中国林业出版社．

王兵．2016．生态连清理论在森林生态系统服务功能评估中的实践 [J]．中国水土保持科学．

夏尚光，牛香，苏守香，等．2016．安徽省森林生态连清与生态系统服务研究 [M]．北京：中国林业出版社．

杨国亭，王兵，殷彤，等．2016．黑龙江省森林生态连清与生态系统服务研究 [M]．北京：中国林业出版社．

张辉，王建兰，牛香．2013．一项开创性的里程碑式研究——探寻中国森林生态系统服务功能研究足迹 [N]．中国绿色时报，2-4（A3）．

张辉，王建兰．2013．生态 GDP：生态文明评价制度创新的抉择 [N]．中国绿色时报，2-26．

张维康．2016．北京市主要树种滞纳空气颗粒物功能研究 [D]．北京：北京林业大学．

张永利，杨锋伟，王兵，等．2010．中国森林生态系统服务功能研究 [J]．北京：科学出版社，94-96．

中国人民共和国国家标准 2010．森林资源规划设计调查技术规程（GB/T 26424-2010）[S]．

中国森林生态服务功能评估项目组．2010．中国森林生态服务功能评估 [M]．北京：中国林业出版社．

中华人民共和国国家统计局．中国统计年鉴 (2015)[M]．北京：中国统计出版社，2015．

中华人民共和国水利部．2010．全国水利发展统计公报 [R]．

中华人民共和国水利部．2014 年中国水土保持公报 [R]．

中华人民共和国卫生部．2013．中国卫生统计年鉴 (2013)[M]．北京：中国协和医科大学出版社．

CCTV 纪录片．2017．《航拍中国》．http://tv.cntv.cn/videoset/VSET100322264014?winzoom=1

Constanza R, d'Arge R, de Groot R, et al. 1997. The value of the world's ecosystem services and natural capital[J]. Nature, 387: 253-260.

Daily G C, et al. 1997. Nature's Services: Societal Dependence on Natural Ecosystems[M].

Washington DC: Island Press. Environment.11 (2): 1008-1016.

Fang J Y, Chen A P, Peng C H, et al. 2001. Changes in forest biomass carbon storage in China between 1949 and 1998[J]. Science, 292: 2320-2322.

Fang J Y, Wang G G, Liu G H, et al. 1998. Forest biomass of China: An estimate based on the biomass-volume relationship[J]. Ecological Applications, 8(4): 1084-1091.

Hagit Attiya. 2008. 分布式计算 [M]. 电子工业出版社.

IPCC.2003.Good Practice Guidance for Land Use, Land-Use Change and Forestry[J]. The Institute for Global Environmental Strategies (IGES).

MA (Millennium Ecosystem Assessment). 2005. Ecosystem and Human Well-Being: Synthesis[M]. Washington D C: Island Press.

Niu X, Wang B, Liu S, et al. 2012. Economical assessment of forest ecosystem services in China: Characteristics and implications[J]. Ecological Complexity, 11: 1-11.

Niu X, Wang B, Wei W J. 2013. Chinese Forest Ecosystem Research Network: A PlatForm for Observing and Studying Sustainable Forestry[J]. Journal of Food, Agriculture & Environment. 11(2):1232-1238.

Niu X, Wang B. 2013. Assessment of forest ecosystem services in China: A methodology[J]. Journal of Food, Agriculture & Environment, 11 (3&4): 2249-2254.

Niu X, Wang B. 2014.Assessment of forest ecosystem services in China: A methodology[J]. J. of Food, Agric. and Environ, 11: 2249-2254.

Palmer M A, Morse J, Bernhardt E, et al. 2004. Ecology for a crowed planet[J]. Science, 304: 1251-1252.

Sutherland W J, Armstrong-Brown S, Armsworth P R, et al. 2006. The identification of 100 ecological questions of high policy relevance in the UK[J]. Journal of Applied Ecology, 43: 617-627.

Wang B, Cui X H, Yang F W. 2004.Chinese forest ecosystem research network (CFERN) and its development[J]. China E-Publishing, 4: 84-91.

Wang B, Ren X X, Hu W. 2011.Assessment of forest ecosystem services value in China[J]. Scientia Silvae Sinicae, 47(2): 145-153.

Wang B, Wang D, Niu X. 2013. Past, Present and Future Forest Resources in China and the Implications for Carbon Sequestration Dynamics[J]. Journal of Food, Agriculture & Environment, 11(1): 801-806.

Wang B, Wei W J, Liu C J, et al. 2013. Biomass and Carbon Stock in Moso Bamboo Forests in Subtropical China: Characteristics and Implications[J]. Journal of Tropical Forest Science, 25(1):

137-148.

Wang B, Wei W J, Xing Z K, et al. 2012. Biomass Carbon Pools of Cunninghamia Lanceolata (Lamb.) Hook. Forests in Subtropical China: Characteristics and Potential[J].Scandinavian Journal of Forest Research: 1-16.

Wang D, Wang B, Niu X. 2013. Forest carbon sequestration in China and its benefits[J]. Scandinavian Journal of Forest Research, DOI: 10.1080/02827581.2013.856936.

Xue P P, Wang B, Niu X. 2013. A Simplified Method for Assessing Forest Health, with Application to Chinese Fir Plantations in Dagang Mountain, Jiangxi, China[J]. Journal of Food, Agriculture & Environment, 11(2):1232-1238.

You WZ, Wei WJ, Zhang HD. 2012. Temporal patterns of soil CO_2 efflux in a temperate Korean Larch(Larix olgensis Herry.) plantation[J]. Northeast China. Trees, DOI 10.1007/s00468-013-0889-6

名词术语

生态系统功能

生态系统的自然过程和组分直接或间接地提供产品和服务的能力，包括生态系统服务功能和非生态系统服务功能。

生态服务

生态系统中可以直接或间接地为人类提供的各种惠益，生态服务建立在生态系统功能的基础之上，森林生态服务特指除木材、林产品外森林所提供的各种服务。

生态服务转化率

生态系统实际所发挥出来的服务功能占潜在服务功能的比率，通常用百分比（%）表示。

森林生态效益定量化补偿

政府根据森林生态效益的大小对生态服务提供者给予的补偿。

森林生态服务指标连续观测与定期清查（简称：森林生态连清）

森林生态服务全指标体系连续观测与定期清查（简称"森林生态连清"）是以生态地理区划为单位，以国家现有森林生态站为依托，采用长期定位观测技术和分布式测算方法，定期对同一森林生态服务进行重复的全指标体系连续观测与定期清查，它与国家森林资源连续清查耦合，用以评价一定时期内森林生态服务及动态变化。

森林生态功能修正系数（FEF–CC）

基于森林生物量决定林分的生态质量这一生态学原理，森林生态功能修正系数是指评估林分生物量和实测林分生物量的比值。反映森林生态服务评估区域森林的生态质量状况，还可通过森林生态功能的变化修正森林生态服务的变化。

价格指数

价格指数反映不同时期一组商品（服务项目）价格水平的变化方向、趋势和程度的经济指标，是经济指数的一种，通常以报告期和基期相对比的相对数来表示。价格指数是研究价格动态变化的一种工具。

绿色 GDP

绿色 GDP 是在现行 GDP 核算的基础上扣除资源消耗价值和环境退化价值。

生态 GDP

生态 GDP 是在现行 GDP 核算的基础上，减去资源消耗价值和环境退化价值，加上生态系统的生态效益，也就是在绿色 GDP 核算体系的基础上加入了生态系统的生态效益。

附件1 露水河林业局森林生态系统服务功能物质量与价值量

表1 露水河林业局森林生态系统服务功能物质量

功能类别	指 标	物质量
涵养水源	调节水量	4.74亿立方米/年
	净化水质	4.74亿立方米/年
保育土壤	固土量	382.36万吨/年
	保持氮量	0.95万吨/年
	保持磷量	0.36万吨/年
	保持钾量	7.63万吨/年
	保持有机质量	17.84万吨/年
固碳释氧	固碳量	32.61万吨/年
	释氧量	79.55万吨/年
林木积累营养物质	林木固氮量	3600.89吨/年
	林木固磷量	610.44吨/年
	林木固钾量	586.82吨/年
净化大气环境	提供负离子数	8.79×10^{23}个/年
	吸收二氧化硫量	5790.77吨/年
	吸收氟化物量	767.33吨/年
	吸收氮氧化物量	1425.17吨/年
	滞尘量	302.11万吨/年

表2 露水河林业局森林生态系统服务功能价值量

林场	涵养水源(亿元/年)	保育土壤(亿元/年)	固碳释氧(亿元/年)	林木积累营养物质(亿元/年)	净化大气环境(亿元/年)	生物多样性保护(亿元/年)	森林游憩(万元/年)	合计(亿元/年)
东升	8.31	1.66	1.43	0.15	0.96	2.83	——	15.35
红光	6.59	1.29	1.15	0.12	0.79	2.31	——	12.25
黎明	7.03	1.60	1.23	0.15	0.79	3.39	——	14.18
清水河	5.11	1.11	0.92	0.10	0.58	2.00	——	9.81
四湖	6.09	1.32	1.07	0.12	0.69	2.51	——	11.81
西林河	7.49	1.67	1.32	0.15	0.85	3.36	——	14.83
新兴	5.86	1.36	1.05	0.12	0.66	3.04	——	12.09
永青	4.75	0.98	0.81	0.09	0.55	1.61	——	8.79
全局	51.22	10.97	8.97	1.02	5.87	21.05	504.00	99.15

附件 2　相关媒体报道

森林生态连清实践让长白山彰显生态文明
—— 全国首个森林生态连清技术示范地诞生记

　　《吉林省露水河林业局森林生态连清与价值评估报告》日前正式出版。2013 年，吉林省林业勘察设计研究院、中国林科院、吉林松江源森林生态系统国家定位观测研究站和吉林省露水河林业局联合启动了露水河林业局森林生态连清工作，并完成《吉林省露水河林业局森林生态连清与价值评估报告》，标志着我国首个森林生态连清技术示范地诞生。这是森林生态连清技术在林业工作管理中的首次应用，彰显了长白山森林的生态文明魅力。

　　党的十八大将生态文明建设纳入中国特色社会主义事业总体布局，强调要把生态文明建设放在突出地位，融入经济建设、政治建设、文化建设、社会建设各方面和全过程。作为推动生态文明建设的主力军，林业该如何顺势而为，趁势而上，在推进生态文明建设的历史进程中大胆创新与实践？

吉林松江源生态站工作人员正在野外调查采样

露水河林业局森林生态连清与价值评估正是林业彰显生态文明的一次生动实践。

森林生态效益监测与评估首席科学家、森林生态连清技术体系的创始人与总设计师王兵研究员说，森林生态连清是森林生态系统服务全指标体系连续观测与定期清查的简称。它以生态地理区划为单位，依托中国森林生态系统定位观测研究网络（CFERN）内的森林生态站，采用野外长期定位观测技术和分布式测算方法，定期对森林生态效益进行全指标体系观测与清查，其已成为我国森林生态系统服务、退耕还林生态效益评估、绿色国民经济核算等适用技术。这是国内经过多年研究和实践证实可行的一套新技术体系，可以与森林资源连续清查耦合形成森林资源清查综合新体系。

露水河林业局森林生态连清与价值评估是国内首次将森林连清技术应用到林业工作管理实践中，也是国内第一次紧密结合林业局尺度森林资源二类调查结果，并与林业局二类调查成果同时发布的生态连清与价值评估。这为开展森林资源核算和绿色经济评价服务，推动森林资源清查工作从侧重森林面积、林木蓄积量的监测，向兼顾林木资源与生态状况、公众效益监测并重转变起到了重要作用，使森林资源清查工作更好地满足建设生态文明制度的需要。

调查：足迹遍布整个露水河林业局辖区

露水河林业局位于吉林省长白山西北麓抚松县境内，总经营面积 12.1 万公顷。这里海拔在 450～1400 米之间，森林覆盖率高达 95.34%，多为原始森林，蕴藏着丰富的野生动植物资源和生态旅游资源，珍贵树种有几十种，其中以红松闻名遐迩，素有"红松故乡"的美誉。

露水河林业局现已形成森林培育与采伐、森林资源综合开发及外向型经济等多业并举的产业格局，产业体系日臻完善，资源配置日趋合理，正在向建设绿色文明森工城的道路上阔步前行。

2013 年，依据森林生态连清技术体系，露水河林业局森林生态连清与价值评估的野外调查采样工作正式启动。历时两个月，工作人员共挖取土壤剖面 122 个，用土钻钻取土壤取样点 491 个，设置乔木样本 116 个、灌木样本 356 个、草本样本 324 个，带回土样 367 个、植物样 149 个。此次野外调查采样，吉林松江源生态站 10 名工作人员全部参加，每个人都克服种种困难，坚持到了最后。

王兵在这项工作中投入了大量的时间和精力。在野外调查工作前期，他根据分布式测算方法，对当地的林相图初步布点进行了指导，针对野外选取样地时可能出

《吉林省露水河林业局森林生态
连清与价值评估报告》封面

现的问题，详细给出了应对办法；在野外调查工作中，他多次对野外调查工作进行指导，给大家解疑释惑；在项目中期，来到吉林省林业勘察设计研究院，对工作进行质量把关，指出问题，指明方向，促进了工作扎实、有序地完成。

吉林省林业勘察设计研究院院长董秀凯是此项工作的提出者和推动者。他深知野外调查采样工作的重要性，多次对样地的选取进行询问，还与大家一起讨论样地选取的合理性，并数次来到露水河林业局看望大家，鼓励大家一定要保质保量地完成野外调查采样工作。

与此同时，露水河林业局领导对此项工作给予高度关注，专门派主管领导和技术人员全程指导和陪护，让野外调查人员感受到了露水河林业人的专业和热情。

成果：露水河林业局森林生态系统服务功能总价值为 99.15 亿元

森林生态系统服务评估分为物质量和价值量两部分。其中，物质量评估主要是从物质量的角度，对森林生态系统所提供的各项服务进行定量评估。

根据露水河林业局森林生态连清体系和生态效益评估方法，工作人员开展了涵养水源、保育土壤、固碳释氧、林木积累营养物质和净化大气环境等 5 个类别 17 个分项生态效益物质量的评估。评估结果表明，露水河林业局森林生态效益 2013 年的物质量为：涵养水源 4.74 亿立方米、固土 382.36 万吨、保肥 26.78 万吨、固碳 32.61 万吨、释放氧气 79.55 万吨、林木积累营养物质 4798.15 吨、提供空气负离子 8.79×1023 个、吸收污染物 7983.27 吨、滞尘 302.11 万吨。

价值量评估是指从货币价值量的角度，对生态系统提供的服务进行定量评估。由于价值量评估结果都是货币值，可以将不同生态系统的同一项生态系统服务进行比较，也可以将生态系统的各单项服务综合起来，这样就使得价值量更具有直观性。价值量的评估比物质量的评估增加了生物多样性保护这一重要功能类别。

良好的生态环境是最公平的公共产品，是最普惠的民生福祉。按照 2013 年的价格参数，露水河林业局森林生态效益 2013 年的总价值量为 99.15 亿元，单位面积的价值量为 8.56 万元，相当于每年提供当地居民人均 2.13 万元的生态服务，远高于全国人均水平。

在露水河林业局森林生态效益总价值量中，涵养水源占 51.66%，为 51.22 亿元；保育土壤占 11.06%，为 10.97 亿元；固碳释氧占 9.05%，为 8.97 亿元；林木积累营养物质占 1.03%，为 1.02 亿元；净化大气环境占 5.92%，为 5.87 亿元；生物多样性保护占 21.23%，为 21.05 亿元；森林游憩占 0.05%，为 504.00 万元。

露水河林业局各项森林生态系统服务价值比例充分体现出当地森林生态服务的特征。露水河林业局所辖地区是长白山西北坡重要的水源地，且水量丰富。因此，涵养水源在各项服务价值量中占比最高，这也充分体现出森林的主要功能。露水河林业局辖区 95.34% 的森林覆盖率带来了丰富的物种，同时也凸显了森林对生物多样性保护的重要作用。因此，生物多样性保护的价值仅次于涵养水源的价值。森林游憩方面，由于露水河林业局目前的旅游开发项目较少，且尚属初级阶段，因此所创造的价值较低，是 7 项生态系统服务功能类别中价值最小的部分。

根据露水河林业局提供的资料，近年来，露水河林业局每年生产木材的收入为 10342 万元，每年获得的林副产品价值达 18651 万元。综合森林生态系统服务产生的价值，当地森林每年提供的价值达 102.05 亿元，每公顷提供的价值为 8.81 万元，其中，森林生态服务价值量占到 97.16%，足见其在森林每年提供的全部价值量中的绝对地位。

评价：首次将森林生态连清技术应用到林业实践中

王兵高度评价了露水河林业局森林生态连清与价值评估工作。他说，这项工作是自森林生态连清体系正式提出以来，全国范围内，首次将森林生态连清技术创造性的应用到林业实践中。无论对森林生态连清体系的发展，还是对森林资源二类调查，都具有里程碑式的意义。通过这项工作的深入开展，探索了不同尺度下森林生态连清技术的应用，丰富了森林生态连清体系；同时，也将推动清查工作从单纯侧重林木蓄积量的工业文明向兼顾森林服务功能的生态文明转变，使森林资源清查工作更好地满足建设生态文明制度的需要，进而使长白山彰显生态文明。

董秀凯认为，党的十八大将生态文明建设纳入"五位一体"中国特色社会主义总体布局，而林业在生态文明建设中承担着不可替代的历史使命，林业工作者要在新时期、新形势下，用新思想武装自己，积极响应党的号召，力争在生态文明建设中有更大作为。近日，中共中央、国务院印发了《国有林场改革方案》和《国有林区改革指导意见》，两个文件同时指出：保护森林和生态是建设生态文明的根基，深化生态文明体制改革，健全森林与生态保护制度是首要任务。由此可见，林业正处于重要的转型期，吉林省林业勘察设计研究院要以生态文明建设为契机，将生态文明理念融入到各项工作中。客观评估一定时期内森林生态系统的生态效益及动态变化，对同一森林生态系统服务进行连续的全指标体系观测与清查，这是生态文明建设赋予林业行业的最新使命和职能，生态林业，大有可为。

摘自：2015 年 4 月 8 日《中国林业新闻网》

生态数据诠释龙江绿水青山巨大价值

　　黑龙江省森林生态系统服务总价值为每年 1.76 万亿元，相当于 2015 年全省 GDP 的 1.17 倍。

　　黑龙江每公顷森林提供的生态价值平均为每年 7.85 万元，全省森林生态系统服务总价值为每年 1.76 万亿元。2015 年，全省森林生态系统服务总价值相当于当年全省 GDP 的 1.17 倍……日前，《黑龙江省森林生态连清与生态系统服务研究》公布的数据，充分体现了绿水青山的巨大价值。

　　近年来，黑龙江传统经济有所下滑，2015 年全省 GDP 在全国各省份中排名第 21 位。而黑龙江现有资源却相当丰富，尤其是森林面积占全国的 10.81%，排在全国第 4 位。因此，科学核算黑龙江现有森林资源价值，按照习近平总书记提出的绿水青山就是金山银山、冰天雪地也是金山银山的思路，摸索接续产业发展路子，为东北振兴持续发力，便显得尤为重要。

　　更重要的是，森林生态系统服务功能的核算，有助于黑龙江开展自然资源资产负债表的编制，彰显黑龙江林业的生态地位，推动生态效益科学量化补偿和生态 GDP 核算体系的构建，为更好地制定生态文明制度、全面建成小康社会，实现中华民族伟大复兴的中国梦不断创造更好的生态条件。

那么，黑龙江"绿水青山"的价值是如何科学核算的呢？价值核算对于黑龙江经济社会可持续发展又有什么战略意义呢？

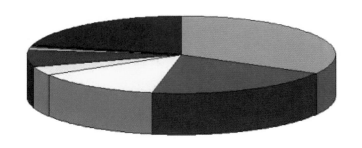

■ 涵养水源 5434.39亿元　　□ 积累营养物质 615.04亿元　　■ 森林游憩 116.16亿元

■ 保育土壤 3273.4亿元　　■ 净化大气环境 1159.4亿元　　□ 林产品供应 34.83亿元

□ 固碳释氧 2183.93亿元　　■ 森林防护 170.09亿元　　■ 生物多样性保育 3412.45亿元

黑龙江省森林生态服务功能价值及占 2015 年全省 GDP 总量比值分别为

涵养水源为 5434.39 亿元，36.03%

保育土壤为 3273.40 亿元，21.70%

固碳释氧为 2183.93 亿元，14.48%

积累营养物质为 615.04 亿元，4.08%

净化大气环境为 1159.40 亿元，7.69%

森林防护为 170.09 亿元，1.13%

森林游憩为 116.16 亿元，0.77%

林产品供应为 34.83 亿元，0.23%

生物多样性保育为 3412.45 亿元，22.62%

科学性　数据和算法经得起国际检验

森林生态系统服务功能的研究是近几年才发展起来的生态学研究领域。中国林业科学研究院森林生态环境与保护研究所首席专家、博士生导师王兵介绍，面对全球环境问题的严重威胁，自然资源有价论的呼声越来越高，所以，对森林生态系统服务功能的价值评估显得十分迫切。

特别是 2016 年全国"两会"期间，习近平总书记在参加黑龙江代表团审议时指出，绿水青山是金山银山，黑龙江的冰天雪地也是金山银山。2016 年 5 月，他在伊春市考察时强调，生态就是资源，生态就是生产力。因此，科学、客观地评估黑龙江森林生态系统服务功能，准确评价森林生态效益的物质量和价值量，不仅有利于加快打造践行"两山"理论的样板，更有助于提升林业在黑龙江国民经济和社会发展中的地位。

科学需要严谨的态度。王兵介绍，这次评估以国家林业局森林生态系统定位观测研究网络（CFERN）为技术依托，结合黑龙江森林资源的实际情况，运用森林生态系统连续观测与清查体系，以黑龙江森林资源二类调查数据为基础，以 CFERN 多年连续观测的数据和《森林生态系统服务功能评估规范》为依据，采用分布式测算方法，从物质量和价值量两方面对黑龙江的森林生态系统服务功能进行效益评价。

可是，我国的核算数据，能得到国际认可吗？

王兵非常自信，他回忆说，早在 2004 年，国家林业局和国家统计局就联合组织开展了中国森林资源核算，并将其纳入了绿色 GDP 研究，提出了森林资源核算的理论和方法，构建了基于森林的国民经济核算框架，并依据全国森林资源清查结果和全国生态定位站网络观测数据，核算了全国森林生态服务的物质量与价值量。

2013 年，国家林业局和国家统计局再次联合启动"中国森林资源核算及绿色经济评价体系研究"，在原有研究基础上，充分吸收参考国际最新研究成果，改进和完善了核算的理论框架与方法。次年，国家林业局与国家统计局联合公布，我国森林生态系统服务年价值量为 12.68 万亿元，数据和算法经得起国际检验。

作为黑龙江森林生态服务功能核算项目组的首席专家，王兵和他的团队心里有数。同时，黑龙江省林业厅为此也做了大量扎实的基础性工作，林业厅科技处积极组织开展了黑龙江省森林生态评估方面的科研立项，整合科研、生产等单位的技术力量，充分发挥各自优势，做好组织协调，保证了项目的顺利实施；作为项目执行单位的黑龙江省林业监测规划院在做好一、二类调查工作的同时，积极开展国家级公益林监测、林地变更调查、碳汇计量体系建设等工作，目前已经构建了完善的森林资源调查监测体系，丰富的森林资源调查监测基础数据，为全省森林生态功能评估奠定了坚实基础。

严谨性　评估体系和框架逻辑清晰

没有规矩，不成方圆。黑龙江森林生态系统连续观测与清查体系是如何构建的呢？

王兵介绍，这次评估，主要建立了野外观测技术体系和分布式测算评估体系。前者是构建黑龙江森林生态连清体系的重要基础，通过有效整合国家森林生态站与省内各类林业监测点的数据，实现科学计算。后者是目前评估森林生态系统服务所采用的较为科学有效的方法，运用遥感反演、过程机理模型等先进技术手段，进行由点到面的数据尺度转换，进而取得有效测算数据。

众所周知，二类调查 10 年为一个周期，目前还不能将调查数据统一到一个时间截点，仅依据黑龙江省监测点的数据可行吗？

据项目负责人介绍，本研究利用 2010 年和 2015 年两期的国家一类清查数据，对黑龙江 2014 年生态评估的二类调查基础数据进行拟合，形成以 2012 年二类调查数据为基础的森林资源动态变化数据，作为本次生态连清的基础。同时，通过两期完整的小班森林资源二类调查成果数据资料，计算分析森林资源的面积、蓄积量、生物多样性等动态变化，并以此为基础，利用相关模型推算森林生态功能的物质量、价值量的现状和动态变化。

也就是说，评估结果主要包括森林生态系统服务功能的物质量和价值量。

物质量评估主要是对生态系统提供服务的物质数量进行评估，即根据不同区域、不同生态系统的结构、功能和过程，从生态系统服务功能机制出发，利用适宜的定量方法确定生态系统服务功能的质量、数量。其特点是评价结果比较直观，能客观地反映生态系统的生态过程，进而反映生态系统的可持续性。如黑龙江森林生态系统涵养水源量相当于全省水资源总量的 68.35%，接近全省不同规模水库总库容的 2 倍，保护黑龙江森林生态系统，对维护全省乃至东北地区的水资源安全起着十分重要的作用。

价值量评估就是根据涵养水源、保育土壤、固碳释氧、林木积累营养物质、净化大气环境等多种指标的物质量，进行货币价值的等价换算。如保育土壤的价值量，黑河市、伊春市和大兴安岭地区森林生态系统保育土壤的价值相当于这 3 个市（地区）GDP 的 2.05 倍，而黑龙江省森林生态系统保育土壤价值量仅占全省 GDP 总量的 21.70%。由此可以看出，黑河市、伊春市和大兴安岭地区森林生态系统保育土壤的功能对于黑龙江经济社会发展的重要性。

当然，物质量和价值量并不是一成不变的，它们会随着生长量和消亡量的变化而发生动态变化。以 2015 年为例，部分指标相比 2011 年实现了较大增幅，其中，调节水量的物质量增幅为 9.19%，涵养水源的价值量增幅为 9.30%；固土量的物质量增幅为 6.71%，保育土壤的价值量增幅为 6.66%。这些指标均说明黑龙江森林资源状况总体在不断提升。

黑龙江省林业厅厅长杨国亭对全省林业的发展很有信心，他表示，黑龙江森林资源的持续向好，得益于林业发展战略的全面落实。"十二五"期间，全省发挥国家重点生态工程的骨干作用，实施了三北五期工程、天保二期工程、新一轮退耕还林工程、中央财政造林补贴工程、农田防护林更新改造工程等重点林业生态工程，生态建设取得显著成效。5 年间，造林保存面积 35.5 万公顷，使全省森林面积稳步增加。同时，通过中幼林抚育，每公顷森林的蓄积量由 2011 年的 83.83 立方米增长至 2015 年的 92.85 立方米，增长幅度为 10.76%。

前瞻性　为可持续发展提供决策依据

可持续发展的思想是伴随着人类与自然的关系的不断演化而最终形成的符合当前与未来人类利益的新发展观。我国发布的《中国 21 世纪初可持续发展行动纲要》提出的目标，特别强调了"生态环境明显改善，资源利用率显著提高，促进人与自然的和谐"。

那么，黑龙江如何推进林业生态建设，才能更有效地服务可持续发展呢？

王兵表示，只有科学分析黑龙江社会、经济和生态环境可持续发展所面临的问题，才能为管理者提供决策依据，进而推动整个社会走上生产发展、生活富裕和生态良好的文明发展道路。

为此，王兵的团队专门进行了黑龙江省生态效益科学量化补偿、生态 GDP 核算、森林资源资产负债表编制 3 方面的研究。

生态效益科学量化补偿是考量政府投入对民众生态需求满足度的影响。

以地方国有林区国家级公益林补偿为例。黑龙江从 2006 年开始，将地方国有林区国家级公益林纳入中央森林生态效益补偿基金的补偿范围，补偿额度为每亩 5 元，属于一种政策性的补偿。而根据人类发展指数等计算的补偿额度为每年每亩 8.75 元，高于政策性补偿。因此，当人们生活水平不断提高，不再满足于高质量的物质生活，对于舒适环境的追求成为一种趋势时，如果政府每年投入约 2% 左右的财政收入来进行森林生态效益补偿，便会极大地提高人类的幸福指数，更有利于黑龙江森林资源经营与管理。

生态 GDP 核算是构建生态文明评价体系的理论基础。

生态 GDP 是指从现行 GDP 核算的基础上，减去资源消耗价值和环境退化价值，加上生态系统的生态效益，也就是在绿色 GDP 核算体系的基础上加入生态系统的生态效益。首先，要构建环境经济核算账户，包括物质量账户和价值量账户，账户分别由 3 部分组成：资源耗减、环境污染损失、生态服务功能。然后，利用市场法、收益现值法、净价格法、成本费用法、维持费用法、医疗费用法、人力资本法等方法对资源耗减和环境污染损失价值量进行核算。2015 年，黑龙江能源消费总量约为 1 亿吨标准煤，原煤、原油和天然气的比例为 66.50%、25.70%、3.90%，根据相关算法可以得出，黑龙江 2015 年资源消耗价值为 339.95 亿元。

森林资源资产负债表是优化经济发展环境的重要途径。

党的十八届三中全会提出要"探索编制自然资源资产负债表，对领导干部实行自然资源资产离任审计"，这是推进生态文明建设的重大制度创新，有利于形成生态文明建设的倒逼机制，破除和扭转唯 GDP 的发展模式，对引领经济发展新常态具有战略意义。以国有林场为例，可以结合相关财务软件管理系统建立 3 个账户：一般资产账户，用于核算黑龙江省林业正常财务收支情况；森林资源资产账户，用于核算黑龙江省森林资源资产的林木资产、林地资产、湿地资产、非培育资产；森林生态系统服务功能账户，用来核算黑龙江森林生态系统服务功能，包括涵养水源、保育土壤、固碳释氧、林木积累营养物质、净化大气环境、生物多样性保护、森林游憩、森林防护、提供林产品等其他生态服务功能。

杨国亭表示，丰富的森林资源决定了黑龙江在全国生态建设保护大局中具有特殊重要的地位，"十三五"期间，黑龙江要以维护森林生态安全为主攻方向，加快推进林业现代化建设，为全面建成小康社会、建设生态文明和美丽中国作出更大贡献。

摘自：《中国绿色时报》（副刊）2017 年 2 月 16 日

森林资源清查理论和实践有重要突破

森林是人类繁衍生息的根基,可持续发展的保障。目前,水土流失、土地荒漠化、湿地退化、生物多样性减少等问题依然较为严重,在这些严重的生态危机面前,人类已经开始警醒,深刻认识到森林的重要地位和关键作用,并开始采取行动,促进发展与保护的统一,追求经济、社会、生态、文化的协同发展。

当前,我国正处在工业化的关键时期,经济持续增长对环境、资源造成很大压力。如何客观、动态、科学地评估森林的生态服务功能,解决好生产发展与生态建设保护的关系,估测全国主要森林类型生物量与碳储量,进行碳收支评估,揭示主要森林生态系统碳汇过程及其主要发生区域,反映我国森林资源保护与发展进程等一系列问题,就显得尤为重要。

近日,由国家林业局和中国林业科学研究院共同首次对外公布的《中国森林生态服务功能评估》与《中国森林植被生物量和碳储量评估》,从多个角度对森林生态功能进行了详细阐述,这对于加深人们的环境意识,促进加强林业建设在国民经济中的主导地位,提高森林经营管理水平,加快将环境纳入国民经济核算体系及正确处理社会经济发展与生态环境保护之间的关系,以及客观反映我国森林对全球碳循环及全球气候变化的贡献,加快森林生物量与碳循环研究的国际化进程,都具有重要意义。

森林,不仅是人类繁衍生息的根基,也是人类可持续发展的保障。伴随着气候变暖、土地沙化、水土流失、干旱缺水、生物多样性减少等各种生态危机对人类的严重威胁,人们对林业的价值和作用的认识,由单纯追求木材等直接经济价值转变为追求综合效益,特别是涵养水源、保育土壤、固碳释氧、净化空气等多种功能的生态价值。

近年来,中国林业取得了举世瞩目的成就,生态建设取得重要进展,国家林业重点生态工程顺利实施,生态功能显著提升,为国民经济和社会发展作出了重大贡献。党和国家为此赋予了林业新的"四个地位"——在贯彻可持续发展战略中具有重要地位,在生态建设中具有首要地位,在西部大开发中具有基础地位,在应对气候变化中具有特殊地位。

以此为契机,最近完成的《中国森林生态服务功能评估》研究,以真实而广博的数据来源,科学的测算方法,系统的归纳整理,全面评估了中国森林生态服务功能的物质量和价值量，为构建林业三大体系、促进现代林业发展提供了科学依据。

所谓的森林生态系统服务功能，是指森林生态系统与生态过程所形成及所维持的人类赖以生存的自然环境条件与效用。森林生态系统的组成结构非常复杂，生态功能繁多。1997年，美国学者Costanza等在《nature》上发表文章"The value of the world's ecosystem services and natural capital"，在世界上最先开展了对全球生态系统服务功能及其价值的估算，评估了温带森林的气候调节、干扰调节、水调节、土壤形成、养分循环、休闲等17种生态服务功能。

2001年，世界上第一个针对全球生态系统开展的多尺度、综合性评估项目—联合国千年生态系统评估（MA）正式启动。它评估了供给服务（包括食物、淡水、木材和纤维、燃料等）、调节服务（包括调节气候、调节洪水、调控疾病、净化水质等）、文化服务（包括美学方面、精神方面、教育方面、消遣方面等）和支持服务（包括养分循环、大气中氧气的生产、土壤形成、初级生产等）等4大功能的几十种指标。

此外，世界粮农组织（FAO）全球森林资源评估以及《联合国气候变化框架公约》、《生物多样性公约》等均定期对森林生态状况进行监测评价，把握世界森林生态功能效益的变化趋势。日本等发达国家也不断加强对森林生态服务功能的评估，自1978年至今已连续3次公布全国森林生态效益，为探索绿色GDP核算、制定国民经济发展规划、履行国际义务提供了重要支撑。

我国高度重视森林生态服务功能效益评估研究，经过几十年的借鉴吸收和研究探索，建立了相应的评估方法和定量标准，为开展全国森林生态服务功能评估奠定了基础，积累了经验。

2008年出版的中国林业行业标准《森林生态系统服务功能评估规范》，是目前世界上唯一一个针对生态服务功能而设立的国家级行业标准，它解决了由于评估指标体系多样、评估方法差异、评估公式不统一，从而造成的各生态站监测结果无法进行比较的弊端，构建了包括涵养水源、保育土壤、固碳释氧、营养物质积累、净化大气环境、森林防护、生物多样性保护和森林游憩等8个方面14个指标的科学评估体系，采用了由点到面、由各省（区、市）到全国的方法，从物质量和价值量两个方面科学地评估了中国森林生态系统的服务功能和价值。

数据源是评估科学性与准确性的基础，《中国森林生态服务功能评估》的数据源包括三类：一是国家林业局第七次全国森林资源清查数据；二是国家林业局中国森林生态系统定位研究网络（CFERN）35个森林生态站长期、连续、定位观测研究数据集、中国科学院中国生态系统研究网络（CERN）的10个森林生态站、高校等教育系统10多个观测站，以及一些科研基地半定位观测站的数据集，这些森林生态站覆盖了中国主要的地带性植被分布区，可以得到某种林分在某个生态区位的单位面积生态功能数据；三是国家权威机构发布的社会公共数据，如《中国统计年鉴》以及农业部、水利部、卫生部、发改委等发布的数据。

评估方法采用的是科学有效的分布式测算方法，以中国森林生态系统定位研究网络建立的符合中国森林生态系统特点的《森林生态系统定位观测指标体系》为依据，依托全国森林生态站的实测样地，以省（市、自治区）为测算单元，区分不同林分类型、不同林龄组、不同立地条件，按照《森林生态系统服务功能评估规范》对全国 46 个优势树种林分类型（此外还包括经济林、竹林、灌木林）进行了大规模生态数据野外实地观测，建立了全国森林生态站长期定位连续观测数据集。并与第七次全国森林资源连续清查数据相耦合，评估中国森林生态系统服务功能。

评估结果表明，我国森林每年涵养水源量近 5000 亿立方米，相当于 12 个三峡水库的库容量；每年固持土壤量 70 亿吨，相当于全国每平方公里平均减少了 730 吨的土壤流失。

同时，每年固碳 3.59 亿吨（折算成吸收 CO_2 为 13.16 亿吨，其中土壤固碳 0.58 亿吨），释氧量 12.24 亿吨，提供负离子 1.68×10^{27} 个，吸收二氧化硫 297.45 亿千克，吸收氟化物 10.81 亿千克，吸收氮氧化物 15.13 亿千克，滞尘 50014.13 亿千克。6 项森林生态服务功能价值量合计每年超过 10 万亿元，相当于全国 GDP 总量的 1/3。

《中国森林生态服务功能评估》从物质量和价值量两个方面，首次对全国森林生态系统涵养水源、保育土壤、固碳释氧、林木积累营养物质、净化大气环境与生物多样性保护等 6 项生态服务功能进行了系统评估，评估结果科学量化了我国森林生态系统的多种功能和效益，这标志着我国森林生态服务功能监测和评价迈出了实质性步伐。

需要指出的是，该评估也是中国森林生态系统定位研究网的定位观测成果首次被量化和公开发表。对森林多功能价值进行量化在中国早已不是一件难事，但在全国尺度上实现多功能价值量化却是国际上的一大尖端难题，这也是世界上只有美国、日本等少数国家才能做到定期公布国家森林生态价值的原因所在。

中国森林生态系统定位研究起步于 20 世纪 50 年代末，形成初具规模的生态站网布局是在 1998 年。国家林业局科学技术司于 2003 年正式组建了中国森林生态系统定位研究网络 (CFERN)。经过多年建设，目前，中国森林生态系统定位研究网络已发展成为横跨 30 个纬度、代表不同气候带的 35 个森林生态站网，基本覆盖了我国主要典型生态区，涵盖了我国从寒温带到热带、湿润地区到极端干旱地区的最为完整和连续的植被和土壤地理地带系列，形成了由北向南以热量驱动和由东向西以水分驱动的生态梯度的大型生态学研究网络。其布局与国家生态建设的决策尺度相适应，基本满足了观测长江、黄河、雅鲁藏布江、松花江（嫩江）等流域森林生态系统动态变化和研究森林生态系统与环境因子间响应规律的需要。

中国森林生态系统定位研究网络的研究任务是对我国森林生态系统服务功能的各项指标进行长期连续观测研究，揭示中国森林生态系统的组成、结构、功能以及与气候环境变化之间相互反馈的内在机理。

在长期建设与发展过程中，中国森林生态系统定位研究网络在观测、研究、管理、标准化、数据共享等方面均取得了重要进展，目前已成为集科学试验与研究、野外观测、科普宣传于一体的大型野外科学基地与平台，承担着生态工程效益监测、重大科学问题研究等任务，并取得了一大批有价值的研究成果。此次中国森林生态服务功能评估，中国森林生态系统定位研究网络提供大量定位站点观测数据发挥了重要的作用。

基于全国森林资源清查数据和中国森林生态系统定位研究网络的定位观测数据，科学评估中国森林生态系统物质量和价值量，是森林资源清查理论和实践上的一次新的尝试和重要突破。这一成果是在今年首次对外发布的，有助于全面认识和评估我国森林资源整体功能价值，有力地促进我国林业经营管理的理论和实践由以木材生产为主转向森林生态多功能全面经营的科学发展道路。

虽然，大尺度森林生态服务功能评估在模型建立、指标体系构建和数据耦合方法等方面尚存在理论探索空间，客观科学评估多项生态功能还有许多工作要做，但在《中国森林生态服务功能评估》的基础上，客观、动态、科学地评估森林生态服务功能的物质量和价值量，对于加深人们的环境意识，加强林业建设在国民经济中的主导地位，促进林业生态建设工作，应对国际谈判，提高森林经营管理水平，加快将环境纳入国民经济核算体系及正确处理社会经济发展与生态环境保护之间的关系具有重要的现实意义。

摘自：《科技日报》2010 年 6 月 8 日第 5 版

附件3 吉林省松江源森林生态系统国家定位观测研究站简介

吉林松江源森林生态系统国家定位观测研究站于2007年经国家林业局批准建设，2011年完成一期工程建设，遵循样带观测理念及定位观测理论，本着"一站多能，以站带点"的原则，在吉林三湖、汪清金沟岭、九台胡家、通榆向海分别设立生态站观测点，涵盖吉林省东部长白山林区、中部农林复合区、西部荒漠化及湿地等主要生态地理区域

森林生态系统观测。二期扩建工程正在进行中，预计2018年完成。其主管部门吉林省林业厅，依托单位吉林省林业勘察设计研究院。

吉林松江源森林生态系统国家定位观测研究站现有办公室及实验室500平方米、野外观测用车1辆。主要野外观测设备包括综合观测塔及森林小气候观测系统5套、测流堰4座、

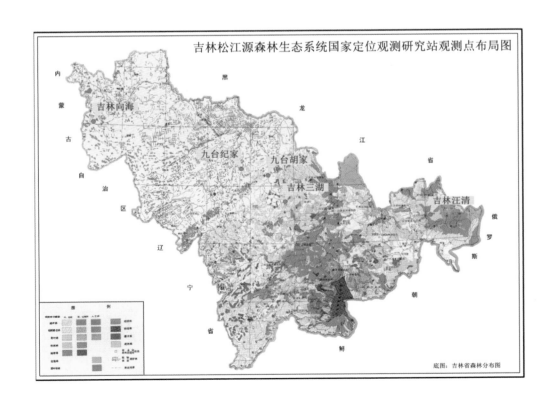

地表径流场 8 块、蒸渗场 2 块、地下水位观测井 2 口、长期观测固定样地 32 块（其中 30
公顷大样地 1 块），并有小型气象站 4 套、风蚀测量系统 1 套、树干茎流仪 5 套、土壤水分
测定仪（TDR）、光合测定系统、树木年轮分析系统、便携式水质测定仪、植物冠层分析仪、
二氧化碳检测仪、超声侧高测距仪、负离子检测仪等多种仪器设备。

实验室建设：目前实验室仪器有火焰光度计、凯氏定氮仪、PH 计、超纯水机、自动滴
定仪、高温电阻炉、分光光度计、石墨消解仪及天平、研磨机、恒温调节器、不锈钢电热
板、振荡器、磁力搅拌器、气流烘干器等实验室常用仪器。能够完成氮、磷、钾、有机物
及碳的测定。围绕水文、气象、土壤、生物等开展森林生态系统长期定位观测研究活动，

并在部分地区开展了森林生态系统涵养水源、保育土壤、固碳释氧、积累营养物质、净化大气环境、森林防护、生物多样性保护和森林游憩等森林服务功能八个方面的观测及价值功能评估。

人员构成：生态站现有研究人员 24 人，其中正高级工程师 10 人，高级工程师 7 人，工程师 6 人，助理工程师 1 人。承担野外站点常规观测与相关领域的科研任务。

数据观测：

截止 2017 年 1 月，共计监测数据 363.8 万条；各观测点获取观测数据情况如下：

汪清观测点：该站点监测的森林植被是以云冷杉针叶混交林为主。设置固定监测样地 16 块，合计 4.75 公顷；常规气象观测场数据 260 万条；林内小型气象站两台，可观测云冷杉林、白桦林内小气候常规指标，采集数据量 6 万条；流域测流堰两座，测得水位数据 15 万条；云冷杉林内梯度观测塔 1 座，测得梯度观测气象数据 6 万条，林内树干液流数据 5.9 万条。

三湖观测点：固定观测样地 1 块，面积 1 公顷；设置林内小型气象站一台，可观测阔叶混交林内小气候常规指标采集数据量 6.9 万条；流域测流堰 1 座，测得水位数据 7.6 万条；云冷杉林内梯度观测塔 1 座，测得梯度观测气象数据 6 万条，林内树干液流数据 1.6 万条。

九台观测点：该站点的森林植被是以蒙古栎为主的阔叶混交林。设置固定监测样地 9 块，面积合计 1.05 公顷，其中天然林 0.75 公顷，人工林 0.3 公顷；设置小型气象站一台，可观测常规气象观测场内气象指标，采集数据量 5.9 万条；流域测流堰 1 座，测得水位数据 6.6 万条；人工针叶混交林内梯度观测塔 1 座，农田防护林内一座，测得梯度观测气象数据 12 万条。

向海观测点：该站点湿地资源丰富独特，属于中温带半干旱西辽河平原草原区，设置固定监测样地 6 块，面积 1.5 公顷，其中天然林 1 公顷，人工林 0.5 公顷；风蚀系统一台，观测定点风沙量数据，采集数据 5.5 万条；水位井两座，采集地下水位数据 13 万条；天然榆树林内梯度观测塔 1 座，测得梯度观测气象数据 5.8 万条。

在科研方面，针对吉林省森林生态特点和国民经济发展需要相继开展了一些科研活动。先后在省级以上刊物发表论文 30 余篇。其中《东北农田林网区遥感调查研究》获国家林业部科技进步一等奖、《吉林省森林经营单位高保护价值森林判定与监测研究》获全国林业优秀工程咨询二等奖、《吉林省德惠县布海片农田防护林建设工程生态效益研究》获吉林省重大科技成果奖，并被列为"三北"防护林建设示范工程，工程建设获国家工程质量银质奖。目前参与中国林科院牵头的国家林业公益性行业科研专项"东北森林生态要素全指标体系观测技术研究"（201404303）。

未来吉林松江源生态系统国家定位观测研究站将根据《国家林业局陆地生态系统定位研究网络中长期发展规划》，并结合吉林省森林生态系统结构和区域典型类型区特点，在明确观测方向和重点并做好常规观测的基础上，在不同生态类型区围绕森林经营和可持续发展战略，逐步开展森林净生产力和森林生态系统服务功能研究；森林与水土资源的保持、生态系统与大江大湖之间的相互关系研究；农田防护林与区域土地生产力、改善生态环境的研究；典型湿地生态系统演替及对人类干扰的响应及湿地、荒漠化生物多样性与生态系统功能的研究。

此外，为进一步提升吉林松江源森林生态系统国家定位研究站的观测能力和水平，以建设国内领先"数字化生态站"为目标，松江源生态站将进行二期扩建工程，项目主要建设内容包括：新建科研用房 600 平方米、标准气象观测站 1 处、地表径流场 5 处、水量平衡场 3 处、标准固定样地 3 公顷，购置必要的森林水文、土壤、大气等观测仪器设备。致力于在现有基础上寻求进一步发展，按不同森林生态系统类型区、生态项目的建设布局、植被类型，进行长期定点定位监测。通过扩建项目把吉林松江源森林生态站建成集观测、研究、示范为一体的平台，成为吉林省重要的科研和宣教基地，为吉林省乃至全国的制定区域国民经济发展规划和林业发展规划提供依据，为生态建设和社会经济和谐稳定发展服务。

附 表

吉林省白石山林业局森林生态服务评估社会公共数据表（推荐使用价格）

编号	名称	单位	2015年数值	2014年数值	数值来源及依据
1	水库建设单位库容投资	元/吨	9.05	8.79	根据1993-1999年《中国水利年鉴》平均水库容造价为2.17元/吨，国家统计局公布的2012年原材料、燃料、动力类价格指数为3.725，根据贴现率得到2013年单位库容造价为8.44元/吨
2	水的净化费用	元/吨	3.29	3.20	采用网格法得到2012年全国各大中城市的居民用水价格的平均值，为2.94元/吨，根据价格指数，贴现到2015年现应业）折算为2013年的现价，即3.07元/吨，贴现到2015年需3.29元/吨
3	挖取单位面积土方费用	元/立方米	67.55	65.63	根据2002年黄河水利部出版社出版的《中华人民共和国水利建筑工程预算定额》（上册）中人工挖土方Ⅰ和Ⅱ类土类每100立方米需42个工时，按2013年每个人工150元/日计算。逐步贴现到2015年挖取单位土方费用为67.55元/立方米
4	磷酸二铵含氮量	%	14	14.00	
5	磷酸二铵含磷量	%	15.01	15.01	化肥产品说明
6	氯化钾含钾量	%	50	50.00	
7	磷酸二铵化肥价格	元/吨	3538.34	3437.78	磷酸二铵、氯化钾化肥价格根据中国化肥网（http://www.fert.cn）2013年春季平均价格；有机质价格根据中国农资网（www.ampcn.com）2013年鸡粪有机肥的春季平均价格。通过贴现到2015年的磷酸二铵化肥、氯化钾化肥，有机质的价格
8	氯化钾化肥价格	元/吨	3002.22	2916.90	
9	有机质价格	元/吨	857.78	833.40	

（续）

编号	名称	单位	2015年数值	2014年数值	数值来源及依据
10	固碳价格	元/吨	1373.51	1334.48	采用欧盟二氧化碳市场得到2006年二氧化碳市场价31欧元/吨，再根据贴现率转换为2015年的现价
11	制造氧气价格	元/吨	1392.89	1353.31	采用中华人民共和国卫生部网站（http://www.nhfpc.gov.cn）2007年春季平均价，根据价格指数（医药制造业）折算为2013年的现价，即1299.07元/吨，根据贴现率转化2015年的现价
12	负离子生产费用	元/10^{18}个	10.14	9.85	根据企业生产的适用范围30平方米（房间高3米），功率为6瓦，负离子浓度1000000个/立方米，使用寿命为10年，价格每个65元的KLD-2000型负离子发生器而推断获得，其中负离子寿命为10分钟及2013年电费0.65元/千瓦时推断获得负离子产生费用为9.46元/10^{18}个，贴现到2015年的费用
13	二氧化硫治理费用	元/千克	1.99	1.93	采用中华人民共和国国家发展和改革委员会等四部委2003年第31号令《排污费征收标准及计算方法》中北京市高硫煤二氧化硫排污费收费标准，为1.20元/千克；氟化物排污费收费标准为0.69元/千克；氮氧化物排污费收费标准为0.63元/千克；一般性排污费排污费收费标准为0.15元/千克；然后贴现现得到2015年各项污染物排污染物排污收费标准
14	氟化物治理费用	元/千克	1.13	1.10	
15	氮氧化物治理费用	元/千克	1.04	1.01	
16	铅及化合物污染治理费用	元/千克	41.51	—	
17	镉及化合物污染治理费用	元/千克	27.68	—	
18	镍及化合物污染治理费用	元/千克	6.39	—	
19	锡及化合物污染治理费用	元/千克	3.07	—	
20	降尘清理费用	元/千克	0.20	0.24	

（续）

编号	名称	单位	2015年数值	2014年数值	数值来源及依据
21	防风固沙生态认购价格	元/（公顷·年）	7077.64	—	根据《陕甘宁边区生态购买设计与操作途径》（延军平等，2002）中2002年认治沙治沙漠出资额度为5000元/（公顷·年），通过工业生产者出厂价格指数将2002年生态认购价格折算至2013年的现价，即6593元/（公顷·年）。通过贴现率得出2015年现价
22	农作物、牧草价格	元/千克	2.15	—	农作物、牧草价格根据新农业农资网（www.xnynews.com/quote/list-297.html）2013年平均价格，最后根据贴现率贴现现为2015年的价格
23	生物多样性保护价值	元/（公顷·年）	3000	—	根据Shannon-Wiener指数计算生物多样性保护价值，采用2008年价格，即： Shannon-Wiener指数<1时，　S1为3000[元/（公顷·年）]； 1≤Shannon-Wiener指数<2，　S1为5000[元/（公顷·年）]； 2≤Shannon-Wiener指数<3，　S1为10000[元/（公顷·年）]； 3≤Shannon-Wiener指数<4，　S1为20000[元/（公顷·年）]； 4≤Shannon-Wiener指数<5，　S1为30000[元/（公顷·年）]； 5≤Shannon-Wiener指数<6，　S1为40000[元/（公顷·年）]； 指数≥6时，　S1为50000[元/（公顷·年）]。 通过贴现现率为2015年的价格参数
			5000	—	
			10000	—	
			20000	—	
			30000	—	
			40000	—	
			50000	—	

"中国森林生态系统连续观测与清查及绿色核算"
系列丛书目录